水稻耐热基因的挖掘及应用

SHUIDAO NAIRE JIYIN DE WAJUE JI YINGYONG

骆 鹰 汪启明 饶力群 著

中国农业出版社
北 京

本书得到了湖南省教育厅重点科学研究项目（18A480）、湖南省自然科学基金（2018JJ2144，2023JJ50416）、湖南省“十四五”生物工程应用特色学科建设项目（湘教通〔2022〕351号）、湖南省芙蓉计划芙蓉学者项目第十一批特聘教授（湘教通〔2024〕5号）、湖南省普通高等学校生物化工科技创新团队（湘教通〔2023〕233号）和永州市指导性科技计划项目（2022-YZKJZD-005）的资助，在此表示感谢！

序

水稻作为中国的主要粮食作物，其种植历史悠久，主要分布在长江流域、珠江流域和东北等地区。近年来，全球气候变化的加剧和极端天气事件的频发，造成水稻大面积减产，严重影响粮食安全性生产。粮食是社稷之本，种业是粮食之基。党的二十大报告中强调要全方位夯实粮食安全根基，深入实施种业振兴行动。提高水稻抗逆性，确保粮食生产安全，育种技术的突破已成为新时代水稻产业高质量发展的重要使命。

水稻是典型的自花授粉作物，其耐热性数量性状受多个基因调控，利用传统育种方法，很难进行准确而有效的选择。近年来，随着测序技术的发展和功能基因组学等领域研究的不断进步，分子标记辅助选择、基因编辑、合成生物学等分子设计技术已广泛应用于水稻育种领域，为世界粮食安全生产提供了技术保障。

本书从分子生物学和生物信息学角度出发，通过基因克隆、基因编辑、遗传转化等试验技术及数据分析，详细介绍了水稻应答高温胁迫相关 miRNAs 及其靶基因的鉴定、表达验证、作用机制等，还包括对水稻 HSP40、GATA、BBX 基因家族耐热基因的挖掘及功能分析，有助于读者对水稻响应高温胁迫分子机制的理解和掌握。该书作为水稻抗逆分子生物学领域研究的学术著作，其内容为作者近年来科学研究的自主成果，系统而新颖，本书的出版将为水稻品种改良、抗逆性研究提供基础资料。谨此向作者表示祝贺！并向广大水稻育种爱好者、科研工作人员和读者推荐这本水稻抗逆分子生物学领域的专著。

湖南大学教授 刘选明

2024 年 10 月 25 日

前言

水稻作为全球主要粮食作物之一，几乎养活地球上一半人口。全球近90%的水稻在亚洲种植，且87%在亚洲消费，为超过30亿亚洲人提供了近30%的热能需求。在适宜的温度如22～28℃，水稻花器官发育不会受到影响，然而在孕穗期和开花期，如果遭遇高温（≥33.7℃）胁迫1h，则可影响水稻小穗的育性。因此，高温胁迫对水稻生长、品质和产量的影响已成为世界粮食安全亟待解决的关键问题。针对这个科学问题，在湖南省教育厅重点科学研究项目、湖南省自然科学基金、湖南省生物工程应用特色学科建设项目、湖南省芙蓉计划芙蓉学者第十一批特聘教授项目、湖南省普通高等学校生物化工科技创新团队项目和永州市指导性科技计划项目的资助下，著者团队主要运用分子生物学、生物信息学方法阐述水稻耐热基因研究试验过程，为掌握水稻的遗传信息和生物学功能、水稻品种的抗性改良和新品种培育提供依据。

《水稻耐热基因的挖掘及应用》由来自湖南科技学院、湖南农业大学、中国科学院上海植物逆境生物学研究中心、湖南省杂交水稻研究中心等单位科研人员共同参与完成。其中，骆鹰负责第1～7章试验操作、数据采集与处理，以及文字内容的编写；汪启明负责第2～4章试验样本采集及准备；饶力群负责第2～7章试验内容设计及文字修改；朱建华、张金山、王韬、王伟平、张超、谢旻、夏炳梅、罗彪、覃佐东等在试验材料、数据处理及封面设计等方面提供了很大帮助，在此表示感谢！

本书为著者近几年关于水稻研究成果的总结，可为耐热水稻品种的选育积累宝贵基因资源，但由于水平有限，书中难免有疏漏和不足之处，恳请读者批评指正。

著　者

2024年10月30日

前言

目录

第1章 绪　论

水稻（*Oryza sativa*）是全球重要的粮食作物之一，世界上大约有一半人口以水稻为主要的食物。作为世界最大水稻生产国，中国水稻的种植面积占粮食作物总体面积的27%，产量超过了谷物类总产量的40%。全球气候的变暖，引起许多区域出现温室效应，导致高温天气在世界的分布范围逐渐扩大[1]。当日外界环境温度达到32 ℃时，玉米（*Zea mays*）作为一种重要的粮食作物，其产量会明显降低[2]。如果外界环境温度超出现有温度2 ℃以上，世界粮食产量会明显受到影响，特别是对低纬度地区影响最大，产量减少达20%以上[3]。已有研究报道，欧亚大陆在2003年夏季，由于高温气候的变化异常，最后导致小麦（*Triticum aestivum*）、玉米明显减产[2]；亚洲地区也不例外，水稻在开花期和籽粒灌浆初期时，经常因遇到高温天气而遭受危害[4]。在中国东北地区，也出现了由于长时间的高温，最后导致玉米、小麦和水稻三大粮食作物显著减产[5]；在我国黄淮海地区，由于持续干旱高温，玉米的生长发育都受到了很大的影响[6-10]。因此，探究水稻在高温条件下如何响应显得非常重要，鉴定耐热性功能基因、阐明水稻应答高温胁迫的调控机制、培育抗逆新品种在水稻生产中意义重大。

1.1 高温胁迫对水稻的危害

高温已经被公认为主要的非生物胁迫因子（abiotic stress factors）[11]。通常来说，高温伤害是比较复杂的，主要表现在两个方面：一是植物经过短暂高温，即几秒到几十秒，这种伤害快速而剧烈，并可从受热部位向非受热部位传递，称为直接伤害[12-13]；二是植物长期（即几天到几个星期）处于高温条件下，称为间接伤害[14]。水稻花器官发育最适宜的温度为22～28 ℃，如果超出这个范围就会受到影响，而且花器官对高温胁迫最敏感的关键期是孕穗期和开花期[15]。水稻减数分裂期遭遇高温时，穗的正常发育会受到影响，穗长将变短[16]。营养生殖期受高温干旱复合胁迫，水稻株高、叶面积及茎蘖数、干物重会显著增加；而在抽穗灌浆期的生物量却显著降低[17-18]。水稻在开花期如果遭遇高温（≥33.7 ℃）胁迫时间在 1 h 之内，则可发生不育[19]，胁迫持续 4 h（41 ℃），水稻不可逆转的损害和不育就会发生，其产量也会明显降低[20]。水稻苗期受高温胁迫时，可能直接导致秧苗的死亡[21]。营养生长期高温胁迫（35 ℃/25 ℃，昼夜温度），不仅降低感热水稻品种的株高（44%）、干物重（84%）、分蘖数（48%）[22]、叶面积[23]，还能显著影响光合作用和根系的生长[24]，尤其是降低细胞膜的稳定性[25]。水稻孕穗期、开花期的含氮量与高温胁迫相关，不同程度的高温胁迫会使水稻成熟时茎、叶、穗部的氮含量提高，且胁迫程度越大，氮含量越大[26-27]。水稻结实率会随着高温处理的时间延长或温度升高而明显降低，这说明水稻花器官受高温的损害存在积累作用[28]。高温胁迫下植物的雌性器官比雄性器官耐受性强，40 ℃以上高温对正常授粉的柱头来说，其结实率变化不大，而对于雄性器官，如花药和花粉则对热胁迫的敏感程度较高[29]。高温胁迫也影响水稻花药的开裂，使花粉粒在高温下的散出受阻，导致其结实率降低[30]。此外，水稻花粉育性和结实率也受高温胁迫的影响，耐热水稻品种的花期一般比较集中，高温胁迫下耐热品种的最早开花时间可以提前到早晨[31-32]。

高温胁迫不仅破坏植物细胞内部结构，还影响其生理指标的变化。植物叶片温度的增加可抵御高温胁迫的影响，说明光合作用在一定温度范围内，可以随着不同环境条件的变化而作出相应的调整[33-34]。高温胁迫也能够使存在于植物 PSⅡ系统中的蛋白[35]、PSⅡ捕光复合体，以及与光合反应有关酶的活性受到损伤[36]。水稻夜间遭受高温热害，其叶片中的叶绿素及其蛋白复合体之间的相互结合会受阻，由此引起光合速率降低并发生氧化伤害[37]。水稻灌浆期间高温会使叶绿素含量和叶片光合速率显著下降，但耐热性强的品种会减小叶片光合速率的下降，在正常环境下恢复程度也比较高[38]。水稻叶片的叶绿素总量、叶绿素 a 和叶绿素 b 的含量会因高温胁迫而下降，导致光合效率降低[39]。此外，生理指标研究发现，初始荧光（F_0）与耐热性和荧光叶绿素，可变荧光与最大荧光之间的比率（Fv/Fm）之间存在一定相关性，可视为耐热性指标[40]。

高温胁迫影响叶绿素荧光相关参数，当胁迫发生时，植物叶绿素荧光参数会随之发生相应的变化[41]，因此，该指标可以作为判断植物响应逆境的重要参数[42-44]。叶绿素中初始荧光（F_0）、最大荧光（Fm）、最大光能转换效率（Fv/Fm）等与植物的耐热性相关。F_0 表示光合作用作用中心的基本状态，PSⅡ反应中心中 F_0 升高越多，其损伤度越大[45]。Fm 可以反映植物是否受到光的抑制[46]；叶绿素荧光参数表示最大光能转化效率，即叶片光合速率，通常用 Fv/Fm 表示[47]。Y（NPQ）能够反映 PSⅡ系统的光保护水平，如果 Y（NPQ）值越大，则表示其将过剩光能热耗散的能力越强，从而降低对光反应中心PSⅡ的伤害；Y（NO）则表示光反应中心的损伤程度，Y（NO）值越大，表示剩余的光能越多，这些过剩光能会对光系统造成损伤[48]。水稻高温胁迫下叶片胞间CO_2的利用率下降，叶片气孔导度的减小会引起胞内CO_2的浓度升高[49]。

高温胁迫下植物渗透调节机制主要涉及三方面内容：一是机体通过渗透调节物质调节渗透压进行保水；二是外界高温胁迫引起水分胁迫，在此逆境下蛋白质的疏水表面能够与渗透调节物质相结合变为亲水表面，这样会聚集更多的水分子，从而稳定蛋白质结构[50]；三是植物体内的一种良好溶剂可代替水，参与植物机体中许多生理反应。如脯氨酸（proline，Pro）作为渗透调节物质既可以保持环境渗透平衡、提高蛋白质可溶性、维持完整的膜结构等，又能阻碍不良环境破坏植物细胞质膜结构，减少丙二醛（malondialdehyde，MDA）的增加，从而减轻对植物的伤害[51]。高温逆境可以使扬稻6号叶片Pro含量明显下降[52]，而杂交中稻其叶片中Pro含量则增加，且随着温度的升高，游离Pro含量不断增加[53]。然而，游离状态下Pro在花药中的含量显著低于可育温度下，且两者存在显著差异[54]。大多数植株耐逆性与其可溶性糖（soluble sugar）含量相关，胞内可溶性糖的积累可以保持细胞膨胀压力，阻止细胞被动脱水[55]。高温胁迫使植物体内的蛋白质变性和凝聚，合成蛋白质的酶失活导致可溶性蛋白质含量在高温逆境下会减少[52]。

受高温诱导，植物氧化应激反应产生和积累的活性氧（reactive oxygen species，ROS）物质会超过正常的水平。该物质包含羟基自由基（OH^-）、过氧化氢（H_2O_2）、超氧阴离子（O_2^-）和单线态氧（$^1O_2$）[56]。ROS物质在植物体内积累的浓度很高时，会使细胞膜脂、DNA、蛋白质及其他细胞组分遭受直接氧化，引起细胞损伤和坏死[57]，因此，在逆境胁迫下，植物必须强化其活性氧清除系统的活性，从而能清除机体内的活性氧，降低其数量至正常水平。高温胁迫初期水稻叶片中超氧化物歧化酶（superoxide dismutase，SOD）和过氧化氢酶（catalase，CAT）等活性均显著提高，而且耐热品系一般比热敏品系高[55]。已有研究表明，在高温胁迫时，存在于水稻叶片中的CAT和SOD活性显著降低[58]。植物在高温逆境下还可以借助许多外源物质来增强其酶活性，从而使抗逆性得到加强。

1.2 植物对高温胁迫的响应与调控

1.2.1 植物对高温胁迫信号的感知及转导

目前，可能启动高温胁迫响应的受体主要包括组蛋白受体、质膜通道及两个未折叠蛋白受体（unfolded protein receptor，UPR）[59]。钙离子通道是主要应答高温胁迫的受体之一，高温胁迫下，细胞质膜上钙离子通道开放，引起许多钙离子向膜内流动，一些响应高温胁迫的基因被诱导表达[60]，研究表明，高温胁迫下膜的流动性增大[61]，热激应答被一些化学物质启动[60]，即质膜的流动性加快，促发了钙离子蛋白通道的激活，从而启动细胞的热应激响应[60]。近年来，在植物对高温胁迫的感知研究方面取得的重大发现有：含有组蛋白变体（H2A. Z）的核小体介导拟南芥（*Arabidopsis thaliana*）的高温胁迫响应[62]，其过程是组蛋白变体核小体能够调节 RNA 聚合酶Ⅱ的活性，从而调控应答高温胁迫的相关基因表达[61]。在高温胁迫下，蛋白质稳定性通常会遭受破坏，从而启动细胞 UPR[63]，目前，在细胞内发现的植物 UPR 响应途径为内质网途径（ER - UPR）和细胞质途径（Cyt - UPR）[64]。bZIP60 转录因子在高温胁迫下被 RNA 剪切因子——IRE1（inositol - requiring enzyme - 1）剪切后，通过上调蛋白质折叠和降解辅助因子所编码基因的表达，参与内质网的胁迫反应（ER stress responses）[65-66]。据报道，在拟南芥基因组中存在多个编码的钙离子通道蛋白基因[67]，且许多位于钙离子通道胞质 C 端。拟南芥中 AtCaM3 钙调蛋白是高温胁迫信号转导必不可少的[5]，能够使钙离子/钙调蛋白结合蛋白激酶（calcium/calmodulin - binding protein kinase，CBK）被激活。研究发现，钙离子依赖的许多蛋白激酶（calcium - dependent protein kinase，CDPK）因钙离子内流而被激活，而磷酸化热胁迫响应的细胞关键调控因子 MBF1c（multiprotein bridging factor 1c）可以启动下游热胁迫反应基因的表达[68]。

1.2.2 植物响应高温胁迫的热激转录因子调控

热激转录因子（heat shock transcription factor，HSF）在植物体内广泛存在，是植物响应高温胁迫并调节热激相关基因表达的一类转录因子，是高温胁迫时发挥功能的调节蛋白，可以分为 HSFA、HSFB 和 HSFC 三类。HSFA 和 HSFB 类数量最多，HSFC 类数量很少，而 HSFB 不具有激活域，自身没有转录活性，通常与 HSFA 相互作用，被共同激活才能够发挥作用[69]。*HSFA1* 是高温胁迫下 A 类基因中的关键调节因子，主要负责激活热激反应。高温逆境胁迫下，*HSFA1* 基因被诱导，其相对表达量上调，活性增强。*HSFA1* 对高温逆境响应的调控体现在诱导上调各类基因表达[22]。*HSFA1* 诱导表达的物质包括小分子 HSPs、HSP70 和 HSP101 等热激蛋白，*HSFA2*、*HSFA3* 和 *HSFB2* 等基因，及其他转录因子、代谢酶、调节因子和其他响应因子[22,70]，其中 HSPs 作为分子伴侣，保护体内其他蛋白活性参与耐热响应，被诱导表达的转录因子会继续诱导其下游逆境相关基因的表达，使植物抗逆性增强[71-72]。

如果植物长时间受到热激，或处于热激-恢复这样反复循环的状态，HSFA2则会被强烈诱导表达，连续积累，表现出较高的激活潜力，也被认为是诱导耐热性的增强因子。HSFA1 与 HSFA2 相互作用可以形成一种超级的激活复合体，这种复合体的活性远比二者单独形成的三聚体要高得多，进而使高温逆境下基因的表达增强[73-74]。HSFA2 对高温胁迫基因表达的调节依赖于 HSFA1，它们互相配合才能使 HSFA2 发挥激活活性。HSFA3 的功能与 HS-FAla 和 HSFA2 类似，能够参与响应热胁迫，使下游与胁迫相关的基因表达受到诱导[75]。对拟南芥中的 HSFA3 研究表明，高温胁迫下，通过转录因子 DREB2A 的协助，HSFA3 的表达上调，随后诱导其他热激相关基因的表达[76-77]。热激转录因子与热激蛋白调控途径是植物应答高温逆境胁迫的调控途径之一[78]。正常情况下，HSF 与 HSP 的结合处于无活性的单体状态，当热激胁迫发生时，许多胞内的蛋白则出现折叠错误或者凝聚等情况，这些蛋白与 HSF 转录因子竞争结合 HSP，使热激蛋白 HSP 从热激转录因子 HSF 上释放。以游离状态存在的 HSF 单体进而形成三聚体，与热激元件 HSE 结合，诱导热激基因表达，产生的 HSP，HSP 不断积累，引起 HSF 与 DNA 的结合活性降低，促使 HSF 三聚体解聚，于是 HSP 又结合 HSF 使其变为钝化的单体状态。已有研究发现，HSP40（又称 J 蛋白）、HSP70 和 HSP90 等 HSP 对 HSF 都有反馈抑制作用[79-80]。

1.2.3 植物响应高温胁迫的 miRNAs 调控

有关植物 miRNA 的研究最早于 2002 年在拟南芥中报道[81]，从文库中获得 16 个 miRNAs，即 miR156 至 miR171。随后拟南芥中其他 miRNAs 家族也逐步被发现。随着生物信息学和分子生物学的快速发展，大豆（*Glycine max*）[82]、蒺藜苜蓿（*Medicago truncatula*）[83]和小立碗藓（*Physcomitrella patens*）[84]等多种植物中发现大量的 miRNAs。其实，植物 miRNA 生物合成过程复杂，包括转录、加工、修饰及 RNA 诱导的沉默复合体 RISC（RNA - induced silencing complexes）装载等过程。植物中 miRNA 的生物合成与动物不同，miRNA 基因从转录到加工，最后变成成熟的序列，其整个过程都在细胞核中完成，没有从细胞核到细胞质的运输。此外，在 RNA 聚合酶Ⅱ的作用下，miRNA 基因的转录得以完成[85]。首先具有发夹结构的 pri - miRNA 在细胞核内被转录形成，然后 Dicer 酶的同源蛋白（称为 Dicer - Like1，DCL1）对其进行剪切，形成茎环前体 pre - miRNA[86]。随后，pre - miRNA 在 RNA 结合蛋白 HYL1（hyponastic leavas 1）以及 C2H2 锌指结构蛋白 SE（serrate）的帮助下，再一次被 RNaseⅢ家族成员 DCL1 切割加工，并形成 miRNA/miRNA* 双链复合体[87]。有一个长为 2 nt 的突出结构称为 3′- overhangs，其在甲基化酶 HENl（hua enhancer 1）作用下被甲基化，这种结构分别位于双链复合体 miRNA/miRNA* 的 3′末端，具有维持双链复合体稳定性的作用，避免被聚尿苷酰化（polyuridylation）和降解[88]。之后，在转运蛋白 HST（HASTY）的帮助下，双链复合体被运输到细胞质中[89]。最后这种双链复合体中的其中一条链即 miRNA* 序列会被降解，而另一条成熟的 miRNA 链与 AGO1（argonate 1）或 AGO1、SQN（40－homologue SQUINT）、HSP90 共同结合，产生 RNA 诱导的沉默复合体，从而导致靶 mRNA 的沉默[90]。

极端温度作为一种有害的非生物胁迫，它能影响水稻生长发育、生殖分蘖及其产量。近年来，miRNA 被报道成为植物能耐受环境胁迫的重要因子之一[91-92]。已有研究发现，超表达拟南芥 *AGO1* 基因株系中 mRNA 含量明显增加，这表明 miRNA 靶基因的降解受 *AGO1* 的调控[93-94]；拟南芥中的 miR159 通过对靶基因的切割来实现对 LEAFY 蛋白合成的调控，影响植物花器官使开花期受到影响[95]；对水稻日本晴幼穗进行高温处理，共鉴定了 47 个差异表达 miRNAs，其中 21 个 miRNAs 上调表达，26 个 miRNAs 下调表达[96]；利用转录组和 miRNA 测序分析，在萝卜（*Raphanus sativus*）中共筛选到 10 个差异表达 miRNAs[97]；对小麦 miRNAs 介导的高温胁迫应答进行研究，共获得 202 个 miRNAs[98]。

近年来，随着高通量测序技术的蓬勃发展，植物 miRNA 及其靶基因响应高温胁迫在不同物种中得到了广泛的研究。过表达拟南芥 miR156 可以增强植株的耐热性，且是植株应激记忆所必需[99]；小麦中 miR159 通过下调其表达量调控 TaGAMYB1 和 TaGAMYB2 转录因子来应答高温胁迫，而过表达 TamiR159 转基因水稻株系对热激响应更敏感[100]；通过建立番茄（*Solaum lycopersicum*）小 RNA 文库及生物信息学分析共鉴定 790 个候选 miRNAs，并发现 25 个 miRNAs 及其靶基因至少在番茄的一个发育阶段参与响应高温胁迫[101]；对来自 120 个 sRNA 文库的 523 个 miRNAs 进行分析，其中 osa－miR160f－5p 和 ata－miR396c－5p 在干旱和热胁迫下显著下调表达[102]。高温通常会改变 miRNAs 的表达，甘薯（*Ipomoea batatas*）在高温处理 6 h 后，其叶片中 miR159、miR162、miR395、miR393 和 miR408 的表达量显著高于未处理组，而 miR160 的表达则显著下调[103]。据报道，高温胁迫下耐热型和热敏型白菜（*Brassica campestris*）中 bra－miR160a、bra－miR172c－3p、bra－miR1885a、bra－miR571f8、bra－miR5726、bra－miR390－5p 和 bra－miR400－5p 的表达量显著上调，而 bra－miR156e－3p、bra－miR157a、bra－miR398－5p、bra－miR400－5p 和 bra－miR5719 显著下调表达[104]。高温胁迫下 miR408－3p 和 miR9774 的表达量在耐热型高羊茅（*Festuca arundinacea*）品种 PI578718 中显著上调，而在热敏型品种 PI234881 中却显著下调[105]。对热敏型 Vandana 和耐热型 N22 水稻品种苗期进行短、长时间高温胁迫与 miRNA 的鉴定筛选，结果发现水稻中 miR166、miR168、miR1425、miR529、mR162、miR1876 和 miR1862 在两种品种中均表达很高；而 os-amiR1436、osa-miR5076、osa-miR5161 和 osa-miR6253 的表达水平较高；然而 osa-miR1439、osa-miR1848、osa-miR2096、osa-miR2106、osa-miR2875、osa-miR3981、osa-miR5079、osa-miR5151、osa-miR5484、osa-miR5792 和 osa-miR5812 只有在 N22 品种中表达[106]。植物 miRNA 通常与其靶基因共同协调作用来应答高温胁迫。如 miR169 是植物中比较大的保守 miRNA 家族，许多研究发现，一些重要作物中 miR169 通过下调其表达量调控靶基因 NF-YA5 的表达来应答热胁迫[107]；miR395 能上调表达调控催化硫酸盐同化初始活性的 ATP 硫酰化酶（APS1、APS3 和 APS4），同时还靶向硫酸盐转运蛋白 AST，从而应答高温胁迫[108-109]；miR396 通过靶向调控生长调节因子 GRF、转录因子 bHLH 和 WRKY 等来响应植物的细胞增殖、叶片发育以及高温胁迫[110-111]；高温能引起拟南芥中 miR398 上调表达，以及通过下调其靶基因 *CSD1*、*CSD2* 和 *CCS* 的表达来调节 ROS 的含量[112]。上述研究结果说明 miRNA 在不同植物应答高温胁迫中起着关键的作用。

1.3 水稻应答高温热害相关基因的鉴定

目前，水稻耐热研究的重点是鉴定和发掘优良的抗性品种，但水稻耐热品种资源的鉴定还不够深入，许多调控机制还不清楚。因此，研究水稻耐热分子机制，挖掘重要相关的耐热基因，并将其应用于育种，是解决热害问题最经济、最有效的策略。然而，利用常规方法开展水稻耐热性研究比较困难，例如，田间试验处理的环境和温度难以控制，多个基因控制数量形状、而单个 QTL（quantitative trait locus）的表型贡献率较低，水稻耐热性相关基因表达情况受环境影响比较大，有些基因在特定时期才能表达，因此难以准确筛选鉴定[113]。近年来，随着高通量测序技术的迅猛发展、功能基因组学研究的不断深入，水稻耐热性相关基因研究取得了较大的进步，本著作主要利用分子生物学技术、生物信息分析方法开展水稻应答高温热害的 miRNAs 及其靶基因、热激蛋白、转录因子等的挖掘及应用研究，可为揭示水稻如何利用自身的防御系统来抵抗外界不良环境提供参考，为阐明水稻应答高温胁迫的分子机制、耐热品种选育与改良提供新思路。

参考文献

[1] Battisti D, Naylor R. Historical warnings of future food insecurity with unprecedented

seasonal heat. Science，2009，323（5911）：240－244.

[2] Ciais P，Reichstein M，Viovy N，et al. Europewide reduction in primary productivity caused by the heat and drought in 2003. Nature，2005，437（7058）：529－533.

[3] Lobell DB，Burke MB. On the use of statistical models to predict crop yield responses to climate change. Agricultural and Forest Meteorology，2010，150（11）：1443－1452.

[4] Wassmann R，Jagadish S，Heuer S，et al. Climate change affecting rice production：the physiological and agronomic basis for possible adaptation strategies. Advances in Agronomy，2009，101：59－64.

[5] Zhang T，Huang Y. Impacts of climate change and inter－annual variability on cereal crops in China from 1980 to 2008. Journal of Science of Food and Agriculture，2012，92（8）：1643－1652.

[6] Craufiird PQ，Peacock JM. Effect of heat and drought stress on sorghum（*Sorghum bicolor*）. Ⅱ. Grain yield. Experimental Agriculture，1993，29（1）：77－86.

[7] Savin R，Nicolas M. Effects of short periods of drought and high temperature on grain growth and starch accumulation of two malting barley cultivars. Australian Journal of Plant Physiology，1996，23（2）：201－210.

[8] Parry M，Andralojc P，Khan S，et al. Rubisco activity：effects of drought stress. Annuals of Botany，2002，89（7）：833－839.

[9] Shah N，Paulsen G. Interaction of drought and high temperature on photosynthesis and grain－filling of wheat. Plant and Soil，2003，257（1）：219－226.

[10] Altenbach SB，DuPont F，Kothari K，et al. Temperature，water and fertilizer influence the timing of key events during grain development in a US spring wheat. Journal of Cereal Science，2013，37：9－20.

[11] Mahalingam R. Phenotypic，physiological and malt quality analyses of US barley varieties subjected to short periods of heat and drought stress. Journal of Cereal Science，2017，76：199－205.

[12] Shinozaki K，Yamaguchi－Shinozai K. Biotechnology intelligence unit：molecular responses to cold drought，heat and salt stress in higher plants. Austin，TX：Landes Co.，1999：81－98.

[13] Wahid A，Ghazanfar A. Possible involvement of some secondary metabolites in salt tolerance of sugarcane. Journal of Plant Physiology，2006，163（7）：723－730.

[14] Bokszczanin KL，Fragkostefanakis S. Perspectives on deciphering mechanisms underlying plant heat stress response and thermotolerance. Frontiers in Plant Science，2013，4：315.

[15] Farrell TC，Fox KM，Williams RL，et al. Genotypic variation for cold tolerance during reproductive development in rice：screening with cold air and cold water. Field Crops Research，2006，98（2）：178－194.

[16] 孙汪亮．高温热害对水稻生长发育的影响及预警系统的建立．福州：福建农林大

学，2019.
[17] 王敞梅，李岩，刘明，等．营养生长期高温对水稻生长及干物质积累的影响．中国稻米，2015，21（4）：33－37.
[18] Lawas LMF，Shi W，Yoshimoto M，et al. Combined drought and heat stress impact during flowering and grain filling in contrasting rice cultivars grown under field conditions. Field Crops Research，2018，229：66－77.
[19] Jagadish SVK，Craufiird PQ，Wheeler TR. Heat stress and spikelel fertility in rice（*Oiyza sativa* L.）. Journal of Experimental Botany，2007，58（7）：1627－1635.
[20] IRRI. Annual Report. Manila，The Philippines：IRRI，1976.
[21] Cao Y，Zhao H. Protective roles of Brassinolide on rice seedlings under heat stress. Rice Science，2008，15（1）：63－68.
[22] Yoshida T，Ohama N，Nakajima J，et al. Arabidopsis HsfAl transcription factors function as the main positive regulators in heat shock－responsive gene expression. Molecular Genetics and Genomics，2011，286（5－6）：321－332.
[23] Yang CM，Heilman JL. Study of leaf area as functions of age and temperature in rice（*Oryza sativa* L.）. Journal of Agriculture Research of China，1993，39：259－268.
[24] Ogasavara M，Nozaki T，Takeuchi Y，et al. Influence of environmental factors in the development of root systems in young seddlings of rice（*Oryza sativa* L.）and bamyard grass. Journal of Weed Science and Technology，1998，43（4）：328－333.
[25] Savchenko A，Vieille C，Kang S，et al. Pyrococcus furiosus alpha－amvlase is stabilized by calcium and zinc. Biochemistry，2002，41（19）：6193－6201.
[26] 林春波．孕穗期高温对水稻生长发育及产量的影响研究．南京：南京农业大学，2014.
[27] 史培华．花后高温对水稻生长发育及产量形成影响的研究．南京：南京农业大学，2014.
[28] Kobayashi K，Matsui T，Murata Y，et al. Percentage of dehisced thecae and length of dehiscence control pollination stability of rice cultivars at high temperatures. Plant Production Science，2011，14（2）：89－95.
[29] Yoshida S. Fundamentals of rice crop science. Los Banos，The Philippines：IRRI，1981.
[30] Matsui T，Kobayasi K，Kagata H，et al. Correlation between viability of pollination and length of basal dehiscence of the theca in rice under a hot－and－humid condition. Plant Production Science，2005，8：109－114.
[31] Ishimaru T，Hirabayashi H，Ida M，et al. A genetic resource for early－morning flowering trait of wild rice Oryza officinalis to mitigate high temperature－induced spike let sterility at anthesis. Annals of Botany，2010，106（3）：515－520.
[32] Jagadish SVK，Muthurajan R，Oane R，et al. Physiological and proteoinic approaches to address heat tolerance during anthesis in rice（*Oryza sativa* L.）. Journal of Experimental Botany，2010，61（1）：143－156.

[33] Marchand F, Mertens S, Kockelbergh F, et al. Performance of High Arctic tundra plants improved during but deteriorated after exposure to a simulated extreme temperature event. Global Change Biology, 2006, 11 (12): 2078 - 2089.
[34] Salvucci ME, Crafts - Bmer SJ. Inhibition of photosynthesis by heat stress: the activation state of Rubisco as a limiting factor in photosynthesis. Physiologia Plantarum, 2004, 120 (2): 179 - 186.
[35] Rivas JDL, Barber J. Structure and thermal stability of photosystem Ⅱ reaction centers studied by infrared spectroscopy. Biochemistry, 1997, 36 (29): 8897 - 8903.
[36] 唐婷, 郑国伟, 李唯奇. 植物光合系统对高温胁迫的响应机制. 中国生物化学与分子生物学报, 2012, 28 (2): 127 - 132.
[37] 郭培国, 李荣华. 夜间高温胁迫对水稻叶片光合机构的影响. 植物学报, 2000, 42 (7): 673 - 678.
[38] 黄英金, 张宏玉, 郭进耀, 等. 水稻耐高温逼熟的生理机制及育种应用研究初报. 科学技术与工程, 2004, 4 (8): 1671 - 1815.
[39] 任昌福, 陈安和, 刘保国. 高温影响杂交水稻开花结实的生理生化基础. 西南农业大学学报, 1990, 12 (5): 440 - 443.
[40] Yamada M, Hidaka T, Fukamachi H. Heat tolerance in leaves of tropical fruit crops as measured by chlorophyll fluorescence. Scientia Horticulturae, 1996, 67: 39 - 48.
[41] Georgieva K, Lichtenthaler HK. Photosynthetic activity and acclimation ability of pea plants to low and high temperature treatment as studied by means of chlorophyll fluorescence. Journal of Plant Physiology, 1999, 155 (3): 416 - 423.
[42] 陈建明, 俞晓平, 程家安. 叶绿素荧光动力学及其在植物抗逆生理研究中的应用 [J]. 浙江农业学报, 2006, 18 (1): 51 - 55.
[43] 宋婷, 张谧, 高吉喜, 等. 快速叶绿素荧光动力学及其在植物抗逆生理研究中的应用. 生物学杂志, 2011, 28 (6): 81 - 86.
[44] 李钦夫, 李征明, 纪建伟, 等. 叶绿素荧光动力学及在植物抗逆生理研究中的应用. 湖北农业科学, 2013, 52 (22): 5399 - 5402.
[45] Tu W, Li Y, Zhang Y, et al. Diminished photoinhibition is involved in high photosynthetic capacities in spring ephemeral *Berteroa incana* under strong light conditions. Journal of Plant Physiology, 2012, 169 (15): 1463 - 1470.
[46] 黄秋娴, 赵顺, 刘春梅, 等. 遮荫处理对铁尾矿基质臭柏实生苗快速叶绿素荧光特性的影响. 林业科学, 2015, 51 (6): 17 - 26.
[47] 王飞, 刘世增, 康才周, 等. 干旱胁迫对沙地云杉光合、叶绿素荧光特性的影响. 干旱区资源与环境, 2017, 1: 142 - 147.
[48] Klughammer C, Schreiber U. Complementary PSII quantum yields calculated from simple fluorescence parameters measured by PAM fluorometry and the Saturation Pulse method. PAM Application Notes, 2008, 1: 27 - 35.
[49] 张桂莲, 陈立云, 张顺堂, 等. 抽穗开花期高温对水稻剑叶理化特性的影响. 中国农

业科学，2007，40 (7)：1345 - 1352.

[50] 李磊，贾志清，朱雅娟，等．我国干旱区植物抗旱机理研究进展．中国沙漠，2010，30 (5)：1053 - 1059.

[51] 耶兴元，何晖，张燕，等．脯氨酸对高温胁迫下猕猴桃苗抗热性相关生理指标的影响．山东农业科学，2010，5：44 - 46.

[52] 谢晓金，李秉柏，申双和，等．高温胁迫对扬稻 6 号叶片生理特性的影响．中国农业气象，2009，30 (1)：84 - 87.

[53] 李稳香，陈立云，雷同阳，等．高温条件下杂交中稻结实率与生理生化特性变化的相关性研究．种子，2006，25 (5)：12 - 16.

[54] 肖辉海，陈良碧．温敏不育水稻热激条件下生理变化的初步研究．信阳师范学院学报(自然科学版)，2000，13 (4)：421 - 424.

[55] 张桂莲，陈立云，张顺堂，等．高温胁迫对水稻叶片保护酶活性和膜透性的影响．作物学报，2006，32 (9)：306 - 310.

[56] Liu X，Huang B. Heat sitress injury in relation to membrane lipid peroxidation in Creeping Bentgrass. Crop Science，2000，40 (2)：503 - 510.

[57] Xu S，Li J，Zhang X，et al. Effects of heat acclimation pretreatment on changes of membrane lipid peroxidation，antioxidant metabolites，and ultrastructure of chloroplasts in two cool - season turfgrass species under heat stress. Environmental & Experimental Botany，2006，56 (3)：274 - 285.

[58] 刘媛媛，滕中华，王三根，等．高温胁迫对水稻可溶性糖及膜保护酶的影响研究．西南大学学报，2008，30 (2)：59 - 63.

[59] Mittler R，Finka A，Goloubinoff P. How do plants feel the heat? Trends in Biochemical Sciences，2012，37 (3)：118 - 125.

[60] Saidi Y，Finka A，Muriset M，et al. The heat shock response in moss plants is regulated by specific calcium - permeable channels in the plasma membrane. Plant Cell，2009，21 (9)：2829 - 2843.

[61] Kumar SV，Wigge PA. H2A. Z - containing nucleosomes mediate the thermosensory response in Arabidopsis. Cell，2010，140 (1)：136 - 147.

[62] Clapier CR，Cairns BR. The biology of chromatin remodeling complexes. Annual Review Biochemistry，2009，78：273 - 304.

[63] Murata N，Los DA. Membrane fluidity and temperature perception. Plant Physiology，1997，115 (3)：875 - 879.

[64] Sugio A，Dreos R，Aparicio F，et al. The cytosolic protein response as a subcomponent of the wider heat shock response in Arabidopsis. Plant Cell，2009，21 (2)：642 - 654.

[65] Che P，Bussell JD，Zhou W，et al. Signaling from the endoplasmic reticulum activates brassinosteroid signaling and promotes acclimation to stress in Arabidopsis. Science Signaling，2010，3 (141)：ra69.

[66] Deng Y, Humbert S, Liu JX, et al. Heat induces the splicing by IRE1 of a mRNA encoding a transcription factor involved in the unfolded protein response in Arabidopsis. Proceeding of the National Academy of Sciences of the United State of America, 2011, 108 (17): 7247 - 7252.

[67] Ward JM, Mäser P, Schroeder JI. Plant ion channels: gene families, physiology, and functional genomics analyses. Annual Review of Physiology, 2009, 71: 59 - 82.

[68] Suzuki N, Sejima H, Tam R, et al. Identification of the MBF1heat - response regulon of *Arabidopsis thaliana*. Plant Journal, 2011, 66 (5): 844 - 851.

[69] Fragkostefanakis S, Röth S, Schleiff E, et al. Prospects of engineering thermotolerance in crops through modulation of heat stress transcription factor and heat shock protein networks. Plant Cell & Environment, 2015, 38 (9): 1881 - 1895.

[70] Liu HC, Charng YY. Common and distinct functions of Arabidopsis class Al and A2 - heat shock factors in diverse abiotic stress responses and development. Plant Physiology, 2013, 163 (1): 276 - 290.

[71] Gao H, Brandizzi F, Benning C, et al. A membrane - tethered transcription factor defines a branch of the heat stress response in *Arabidopsis thaliana*. Proceedings of the National Academy of Science USA, 2008, 105 (42): 16398 - 16403.

[72] Ikeda M, Mitsuda N, Ohme - Tdcagi M. Arabidopsis HsfBl and HsfB2b Act as Repressors of theExpression of Heat - Inducible Hsfs But Positively Regulate the Acquired Thermotolerance. Plant Physiology, 2011, 157 (3): 1243 - 1254.

[73] Scharf KD, Hohfeld I, Lutz N. Heat stress response and heat stress transcription factors. Journal of Biosciences, 1998a, 23 (4): 313 - 329.

[74] Chan - Schaminet KY, Baniwal SK, Bublak D, et al. Specific interaction between tomato HsfA1 and HsfA2 creates hetero - oligomeric superactivator complexes for synergistic activation of heat stress gene expression. Journal of Biological Chemistry, 2009, 284 (31): 20848 - 20857.

[75] Bharti K, Schmidt E, Lyck R, et al. Isolation and characterization of HsfA3, a new heat stress transcription factor of Lycopersicon peruvianum. Plant Journal, 2000, 22 (4): 355 - 366.

[76] Sakuma Y, Maruyama K, Qin F, et al. Dual fiinction of an Arabidopsis transcription factor DREB2A in water - stress - responsive and heat - stress - responsive gene expression. Proceedings of the National Academy of Science USA, 2006, 103 (49): 18822 - 18827.

[77] Schramm F, Larkindale J, Kiehlmann E, et al. A cascade of transcription factor DREB2A and heat stress transcription factor HsfA3 regulates the heat stress response of Arabidopsis. Plant Journal, 2008, 53 (2): 264 - 274.

[78] Wahid A, Close TJ. Expression of dehydrins under heat stress and their relationship with water relations of sugarcane leaves. Biologia Plantarum, 2007, 51 (1): 104 - 109.

[79] Hahn A, Bublak D, Schleiff E, et al. Crosstalk between Hsp90 and Hsp70 chaperones

and heat stress transcription factors in tomato. Plant Cell，2011，23（2）：741－755.

[80] Luo Y，Fang BH，Wang WP，et al. Genome－wide analysis of the rice J－protein family：identification，genomic organization，and expression profiles under multiple stresses. 3 Biotech，2019，9（10）：358.

[81] Reinhart BJ，Weinstein EG，Rhoades MW，et al. MicroRNAs in plants. Genes & Development，2022，16（13）：1616－1626.

[82] Subramanian S，Fu Y，Sunkar R，et al. Novel and nodulation－regulated microRNAs in soybean roots. BMC Genomics，2008，9：160.

[83] Szittya G，Moxon S，Santos DM，et al. High－throughput sequencing of Medicago truncatula short RNAs identifies eight new miRNA families. BMC Genomics，2008，9：593.

[84] Axtell MJ，Snyder JA，Bartell DP. Common functions for diverse small RNAs of land plants. Plant Cell，2007，19（6）：1750－1769.

[85] Xie Z，Allen E，Fahlgren N，et al. Expression of Arabidopsis MIRNA genes. Plant Physiology，2005，138（4）：2145－2154.

[86] Kurihara Y，Watanabe Y. Arabidopsis micro－RNA biogenesis through Dicer－like 1 protein functions. Proceedings of the National Academy of Sciences of the United States of America，2004，101（34）：12753－12758.

[87] Han MH，Goud S，Song L，et al. The Arabidopsis double－stranded RNA－binding protein HYL1 plays a role in microRNA－mediated gene regulation. Proceedings of the National Academy of Sciences of the United States of America，2004，101（4）：1093－1098.

[88] Park W，Li J，Song R，et al. CARPEL FACTORY，a Dicer homolog，and HEN1，a novel protein，act in microRNA metabolism in Arabidopsis thaliana. Current Biology，2002，12（17）：1484－1495.

[89] Telfer A，Poethig RS. HASTY：a gene that regulates the timing of shoot maturation in Arabidopsis thaliana. Development，1998，125（10）：1889－1898.

[90] Baumberger N，Baulcombe DC. Arabidopsis ARGONAUTE1 is an RNA Slicer that selectively recruits microRNAs and short interfering RNAs. Proceedings of the National Academy of Sciences of the United States of America，2005，102（33）：11928－11933.

[91] Sunkar R. MicroRNAs with macro－effects on plant stress responses. Seminars in Cell & Developmental Biology，2010，21（8）：805－811.

[92] Ding YF，Huang LZ，Jiang Q，et al. MicroRNAs as important regulators of heat stress responses in plants. Journal of Agricultural and Food Chemistry，2020，68（41）：11320－11326.

[93] Vaucheret H. Post－transcriptional small RNA pathways in plants：mechanisms and regulations. Genes & Development，2006，20（7）：759－771.

[94] Huntzinger E，Izaurralde E. Gene silencing by microRNAs：contributions of transla-

tional repression and Mrna decay. Nature Reviews Genetics，2011，12（2）：99－110.
[95] Achard P，Herr A，Baulcombe DC et al. Modulation of floral development by a gibberellin－regulated microRNA. Development，2004，131（14）：3357－3365.
[96] Li J，Wu LQ，Zheng WY，et al. Genome－wide identification of microRNAs responsive to high temperature in rice（*Oryza sativa*）by high－throughput deep sequencing. Journal of Agronomy and Crop Science，2014，201（5）：379－388.
[97] Yang Z，Li W，Su X，et al. Early response of radish to heat stress by strand－specific transcriptome and miRNA analysis. International Journal of Molecular Sciences，2019，20（13）：3321.
[98] Ravichandran S，Ragupathy R，Edwards T，et al. MicroRNA－guided regulation of heat stress response in wheat. BMC Genomics，2019，20（1）：488.
[99] Stief A，Altmann S，Hoffmann K，et al. Arabidopsis miR156 regulates tolerance to recurring environmental stress through SPL transcription factors. Plant Cell，2014，26：1792－807.
[100] Wang Y，Sun F，Cao H，et al. TamiR159－directed wheat TaGAMYB cleavage and its involvement in anther development and heat response. PLoS One，2012，7：e48445.
[101] Keller M，Schleiff E，Simm S. MiRNAs involved in transcriptome remodeling during pollen development and heat stress response in *Solanum lycopersicum*. Scientific Reports，2020，10（1）：10694.
[102] Liu HP，Able AJ，Able JA. Integrated analysis of small RNA，transcriptome，and degradome sequencing reveals thc water－deficit and heat stress response network in durum wheat. International Journal of Molecular Science，2020，21（17）：6017.
[103] Yu JJ，Su D，Yang DJ，et al. Chilling and heat stress－induced physiological changes and microRNA－related mechanism in sweetpotato（*Ipomoea batatas* L.）. Fronts in Plant Science，2020，11：687.
[104] Ahmed W，Li R，Xia YS，et al. Comparative analysis of miRNA expression profiles between heat－tolerant and heat－sensitive genotypes of flowering Chinese cabbage under heat stress using high－throughput sequencing. Genes，2020，11（3）：264.
[105] Li HY，Hu T，Amombo E，et al. Genome－wide identification of heat stress－responsive small RNAs in tall fescue（*Festuca arundinacea*）by high－throughput sequencing. Journal of Plant Physiology，2017，213：157－165.
[106] Mangrauthia SK，Bhogireddy S，Agarwal S，et al. Genome－wide changes in microRNA expression during short and prolonged heat stress and recovery in contrasting rice cultivars. Journal of Experimental Botany，2017，68（9）：2399－2412.
[107] Gahlaut V，Baranwal VK，Khurana P. MiRNomes involved in imparting thermotolerance to crop plants. 3 Biotech，2018，8（12）：497.
[108] Lappartient AG，Vidmar JJ，Leustek T，et al. Inter－organ signaling in plants：regulation of ATP sulfurylase and sulfate transporter genes expression in roots mediated

by phloem - translocated compound. Plant Journal，1999，18 (1)：89 - 95.

[109] Kawashima CG，Matthewman CA，Huang S，et al. Interplay of SLIM1 and miR395 in the regulation of sulfate assimilation in Arabidopsis. Plant Journal，2011，66 (5)：863 - 876.

[110] Debernardi JM，Rodriguez RE，Mecchia MA，et al. Functional specialization of the plant miR396 regulatory network through distinct microRNA - target interactions. PloS Genetics，2012，8 (1)：e1002419.

[111] Giacomelli JI，Weigel D，Chan RL，et al. Role of recently evolved miRNA regulation of sunflower HaWRKY6 in response to temperature damage. New Phytologist，2012，195 (4)：766 - 773.

[112] Guan QM，Lu XY，Zeng HT，et al. Heat stress induction of miR398 - triggers a regulatory loop that is critical for thermotolerance in Arabidopsis. Plant Journal，2013，74 (5)：840 - 851.

[113] 丁杰荣，孙炳蕊，王庆林，等. 水稻耐热相关功能基因的克隆及其分子机理研究进展. 广东农业科学，2021，48 (10)：23 - 31.

第2章 水稻孕穗期高温胁迫应答相关 miRNAs 及其靶基因的鉴定与分析

水稻的种植遍布世界各地，其产量和品质极易受到高温等非生物逆境胁迫[1]。据报道，在逆境胁迫下，植物中的 miRNAs 可以通过调控其靶基因，来增强对环境的适应性[2-3]，这为植物逆境下的调控研究提供了依据。虽然水稻在不同非生物胁迫下 miRNAs 的转录后调控已经受到许多研究者的关注[4]，但是有关高温胁迫下的 miRNAs 调控机制还不清楚，尤其涉及粳、籼稻不同亚种间 miRNAs 及其靶基因研究内容尚未见报道。高通量测序技术是研究水稻 miRNAs 内容的主要手段之一，已成功应用于植物 miRNA 的研究领域，具有许多传统试验方法无法比拟的优势[5]。通过该技术，可以鉴定不同物种的关键 miRNAs，为 miRNAs 的生物学功能研究提供数据库信息。本章内容以籼稻 9311 品种和粳稻 N22 品种孕穗期（第五期）为研究对象，高温胁迫处理后构建小 RNA 文库，通过高通量测序及生物信息学分析，发掘应答高温逆境胁迫关键 miRNAs，同时利用荧光定量 qRT - PCR 技术对关键 miRNAs 及其靶基因进行表达验证，进而为后续开展的水稻 miRNAs 的功能研究奠定基础。

2.1 试验材料

2.1.1 选用的试验材料

试验所用的耐热粳稻 N22（Nagina22）[6]，以及热敏籼稻 9311[7] 品种由湖南省杂交水稻研究中心提供。两个不同品种的水稻种子萌发后播种于湖南农业大学耘园试验田，水稻幼苗之间的行距为 20 cm，株距为 14 cm，单株栽种，水稻播种时每行 10 株。田间水肥管理及病虫害防治与常规大田栽种相同。待水稻抽穗前 20 d 左右，将生长发育状况良好、形态学性状基本一致的水稻植株移栽到塑料桶中培育，每个塑料桶中栽植 3 株，在常温下进行适应培育。当每株水稻主穗上幼穗长 2～3 cm（记为该单株孕穗期第五期）时，进行高温胁迫处理。将 N22 和 9311 水稻苗同时移入同一人工气候培养箱中进行高温胁迫处理，温度设置为 42 ℃，相对湿度为 85%，处理时间分别为 0 h、3 h、6 h 和 12 h。剪取不同时间点高温处理后的水稻幼穗，液氮速冻后保存于－80 ℃超低温冰箱中，N22 测序样本分别标记为 S01、S02、S03、S04，9311 测序样本分别标记为 S05、S06、S07、S08。

2.1.2 所需主要仪器和试剂

试验所用仪器和试剂详细情况如表 2.1 所示。

表 2.1 仪器和试剂的详细情况

仪器和试剂	生产国家/公司
移液枪	Eppendorf，德国
电子天平	EppendorfAB204 - L，德国
电热恒温水浴锅	HW. SY11 - KP3，中国
小型台式离心机	5424 型，德国
冷冻离心机	5424 型，德国
PCR 仪	Bio - Rad T100，美国
凝胶成像系统	伯乐 GeldocXR＋，美国
定量 PCR 仪	LightCycler480，美国
－80 ℃超低温冰箱	DW - 86L486，中国
FastKing cDNA 第一链合成试剂盒	天根生化科技（北京）有限公司
TRNzol - A^+ 总 RNA 提取试剂	天根生化科技（北京）有限公司
SuperReal PreMix Color SYBR Green	天根生化科技（北京）有限公司
茎环法 miRNA 第一链 cDNA 合成	生工生物工程（上海）股份有限公司
乙醇	湖南省杂交水稻研究中心提供
液氮	湖南省杂交水稻研究中心提供
异丙醇	湖南省杂交水稻研究中心提供
氯仿	湖南省杂交水稻研究中心提供

2.1.3 所用数据库及分析软件

试验所用数据库及在线网址情况如表 2.2 所示。

表 2.2 数据库及在线网址情况

数据库名称	数据库具体网址
NCBI	http://www.ncbi.nlm.nih.gov/
miRBase	http://www.mirbase.org/
GO	http://geneontology.org/

（续）

数据库名称	数据库具体网址
KEGG	http://www.genome.jp/kegg/
DAVID	http://david.abcc.ncifcrf.gov/home.jsp/
String	http://www.string-db.org/
PMRD	http://bioinformatics.cau.edu.cn/PMRD/
Rfam	http://www.sanger.ac.uk/software/Rfam/
BLASTX	http://www.ncbi.nlm.nih.gov/BLAST/
RNAfold	http://rna.tbi.univie.ac.at/cgi-bin/RNAfold.cgi/
psRNATarget	http://plantgrn.noble.org/psRNATarget/

注：分析软件有 DNAMAN6.0、TBtool、Primer 5.0、Oligo6.0、SPSS 19.0、Cytoscape 3.2。

2.2 试验方法

2.2.1 小 RNA 文库的构建和测序

高温胁迫处理样本的 RNA 提取、小文库构建以及高通量测序工作都由北京百迈客生物科技有限公司完成，并将所有样本高通量测序的原始数据上传到 NCBI 数据库（SRA，https://submit.ncbi.nlm.nih.gov/ subs/sra/），登录号为 PRJNA668032。

2.2.2 小 RNA 测序数据的分析

2.2.2.1 高温胁迫下小 RNA 测序的序列提取

试验所获得的 9311 和 N22 样本测序工作均由北京百迈客生物科技有限公司完成。通过测序仪自身所带的相关软件提取测序样本原始数据，然后将这些数据转化为可以读取的数据，再去除接头引物、质量很低的序列、被污染的序列，以及不在 miRNA 序列范围内（>30 nt，或<18 nt）的序列，最后将这些小 RNA 纯净序列分别上传到 NCBI 和 Rfam 数据库中进行分析，从而获取小 RNA 总数量序列和小 RNA 特异序列。

2.2.2.2 高温胁迫下小 RNA 的分类注释

所获取的小 RNA 纯净序列主要通过 Blast 软件在 NCBI 和 Rfam 数据库中进行比对，并去除 snoRNA、scRNA、snRNA、rRNA、tRNA 等小 RNA 序列。而注释小 RNA 序列用于下一步新 miRNA 的预测。此外，还对小 RNA 序列的长度、小 RNA 文库之间的公共与特有序列进行分析。

2.2.2.3 高温胁迫下小 RNA 序列定位分析

利用 SOAP 软件对小 RNA 序列的染色体定位进行研究，即明确已经过滤的小 RNA 纯净序列在水稻基因组上的具体位置，并获得水稻基因组上小 RNA 的数量、种类和表达情况。

2.2.2.4　高温胁迫下已知 miRNAs 和新 miRNAs 的获取

通过 Bowtie 软件将过滤提取的纯净序列分别与 miRBase、Rfam 和 Repbase 等数据库进行比对[8]，然后把 rRNA、tRNA、snRNA、snoRNA 以及重复序列过滤掉，再用 Bowtie 软件将没有被注释的序列匹配到水稻中的参考基因组，将匹配上的序列用于下一步分析。在鉴定已知 miRNA 时，首先分别将 9311 和 N22 匹配的序列与 miRBase 22.1（http://www.mirbase.org/）中所有植物的成熟 miRNAs 序列进行比对（最多允许 3 个碱基发生错配），然后将剩余序列与未收录在 miRBase 22.1 数据库中的序列进行比对，此时进行种内比对，不允许碱基错配，由此鉴定水稻 9311 和 N22 品种中已知 miRNAs。

运用 mireap（http://sourceforge.net/projects/mireap/）对未注释的序列进行分析，并预测新 miRNAs，预测的方法参考王翔宇[9]论文中的方法。此外，对新 miRNA 序列类型，rRNA 的含量、长度分布等信息，以及 miRNAs 碱基的偏好进行统计分析，并运用 Mfold 软件对预测的部分新 miRNAs 的前体结构进行绘图。

2.2.3　筛选差异表达 miRNAs 及其靶基因

参考 TPM（transcripts per million）公式的算法[10]，提取高温胁迫下测序数据，并对所有数据进行归一化处理，具体情况如下：

$$TPM = (Readcount \times 1\,000\,000) / \text{Mapped Reads}$$

上述公式中的 Readcoun 表示比对到某一 miRNA 的 reads 数，Mapped Reads 则表示比对到所有 miRNAs 上的 reads 数。

在筛选高温胁迫下差异表达 miRNAs 时，对归一化处理后 miRNAs 的差异倍数、$\log_2$（差异倍数）和 P - value 值进行分析，当 | $\log_2$（差异倍数）| ＞0.5，且 P - value 值＜0.05 时，则将其判断为差异表达 miRNA[11]，$\log_2$（差异倍数）值＞0.5 为上调差异表达 miRNA，$\log_2$（差异倍数）值＜－0.5 为下调差异表达 miRNA。通过列表、维恩图、柱状图等方法比较每两个样本 miRNAs 文库，获得差异表达 miRNAs。在筛选差异表达 miRNAs 靶基因时，利用 mirandaTargets、psRNATargets 软件进行统计分析，将这两个软件预测的数据结果取交集，确定候选靶基因。

2.2.4　靶基因的 GO 注释及 KEGG 通路分析

运用 DAVID 在线软件对差异表达 miRNAs 的靶基因进行 GO 和 KEGG 分析[12]，将筛选的靶基因按照 DAVID 数据库所要求的格式保存，将其上传到

DAVID 数据库中，选择水稻数据库基因 GO 条目，然后在参数设置项选择默认值，运行并导出 GO 富集数据，用于基因功能分析。选择 KEGG pathway 项，参数设置项选择默认值，导出 KEGG 数据结果，进行 KEGG 通路分析。

2.2.5 miRNAs 及其靶基因的调控网络

利用 String10.0 在线数据库（http://string-db.org/cgi/input.pl）分析 miRNAs 与靶基因的相互关系[13]，再将所筛选的差异表达 miRNAs 的靶基因上传或粘贴到 multiple protein 对话框中，进行靶基因互作分析，统计靶基因的互作结果，以及差异表达 miRNAs 与靶基因的互作节点。最后，利用 Cytoscape软件绘制 miRNAs 与靶基因间的互作调控网络图[14]，分析差异表达 miRNAs 与靶基因之间的靶向关系。

2.2.6 miRNAs 及其靶基因表达的 qRT-PCR 验证

2.2.6.1 RNA 的提取及反转录

RNA 提取参照 TRNzol-A$^+$ 总 RNA 提取试剂说明（北京天根公司）进行，cDNA 第一链合成方法选择使用 FastKing 一步法试剂盒（北京天根公司）进行 RNA 的逆转录，具体操作步骤如下：

（1）首先将保存在−20 ℃冰箱中的 5×FastKing 逆转录预混液和无 RNA 酶双蒸水放在室温下解冻，解冻以后迅速放在冰上。在使用前，将这些溶液涡旋振荡混匀，离心，收集残留在管壁的液体。

（2）按照表 2.3 中的比例将各种试剂成分混合，配制成反转录的反应体系，配制试剂过程中所有操作步骤均在冰上进行。为了保证反应液配制的准确性，配制反应体系时，先配制成混合液，然后再分装到每个反应管中。

表 2.3 RNA 反转录体系

组成成分	用量
5×FastKing 逆转录预混液	4 μL
总 RNA	50 ng～2 μg
无 RNA 酶双蒸水	定容至 20 μL

（3）根据试剂盒说明，按照表 2.4 中反应条件进行反转录。

表 2.4 反转录反应条件

反应温度	反应时间	说明
42 ℃	15 min	去除基因组及反转录反应
95 ℃	3 min	酶灭活过程

(4) 最后，将反转录产物放在冰上，进行后续的 PCR 反应，或将反转录产物放－20 ℃冰箱保存备用。

2.2.6.2 引物设计与合成

开展 miRNA 相对表达量试验时，选用上海生工茎环法试剂盒，参考试剂盒说明进行 miRNA 茎环引物设计。通用茎环结构序列为：GTCGTATC-CAGTGCAGGGTCCGAGGTATTCGCACTGGATACGAC，在通用茎环序列后面加上 miRNA 的 3′末端的 6 个碱基的反向互补序列。qRT－PCR 所用到的下游引物为试剂盒所提供的通用引物，在设计上游引物时，将 miRNA 序列中的 U 首先替换成 T，然后将 3′端的 6 个碱基去除，最后所剩余部分即为所需要的上游引物。在设计引物时，通常将上游引物和下游引物的退火温度 Tm 值保持一致，如果引物的 Tm 值偏低，则在 5′端添加适量的 G、C 碱基，以提高 Tm 值。试验所需要的所有引物详细信息见表 2.5。

表 2.5　试验所需所有引物信息

基因	引物	引物序列
osa-miR156f-5p	茎环引物	GTCGTATCCAGTGCAGGGTCCGAGGTATTCGCACTGGATACGACGTGCTC
	正向引物	CGCGCGTGACAGAAGAGAGT
osa-miR164c	茎环引物	GTCGTATCCAGTGCAGGGTCCGAGGTATTCGCACTGGATACGACTGCACG
	正向引物	CGCGTGGAGAAGCAGGGTA
osa-miR166k-5p	茎环引物	GTCGTATCCAGTGCAGGGTCCGAGGTATTCGCACTGGATACGACCCTCGA
	正向引物	CGCGGTTTGTTGTCTGGC
osa-miR397a	茎环引物	GTCGTATCCAGTGCAGGGTCCGAGGTATTCGCACTGGATACGACCATCAA
	正向引物	CGCTCATTGAGTGCAGCG
osa-miR398b	茎环引物	GTCGTATCCAGTGCAGGGTCCGAGGTATTCGCACTGGATACGACCAGGGG
	正向引物	CGCGTGTGTTCTCAGGTCG
osa-miR399d	茎环引物	GTCGTATCCAGTGCAGGGTCCGAGGTATTCGCACTGGATACGACCAGGGC
	正向引物	CGCGTGCCAAAGGAGAGTT
osa-miR408-3p	茎环引物	GTCGTATCCAGTGCAGGGTCCGAGGTATTCGCACTGGATACGACGCCAGG
	正向引物	GCGCTGCACTGCCTCTTC

（续）

基因	引物	引物序列
osa-miR528-5p	茎环引物	GTCGTATCCAGTGCAGGGTCCGAGGTATTCGCACTGGATACGACCTCCTC
	正向引物	GCTGGAAGGGGCATGCA
osa-miR5496	茎环引物	GTCGTATCCAGTGCAGGGTCCGAGGTATTCGCACTGGATACGACGAGAAC
	正向引物	GCCAGCCGGTGGCATA
novel-miR-15	茎环引物	GTCGTATCCAGTGCAGGGTCCGAGGTATTCGCACTGGATACGACCGAGCT
	正向引物	GCGACGAACCGGGAAGAC
Os04g0653000	正向引物	GAGCCCTCCACCTAATCCTTC
	反向引物	TGCGGCAATAAGCATGATTG
Os12g0610600	正向引物	AGGGACCGAAAATACGCGAC
	反向引物	TTCCTCATCCCCACAAGTGC
Os07g0155600	正向引物	CAAGGAGTCTGAGGCGAAGC
	反向引物	GCTTCTCTACCGCAGCAACT
Os01g0842400	正向引物	GTGCTGCGGTACAACACGTC
	反向引物	GTCGTAGTTGCCGAACCCTT
Os07g0665200	正向引物	GCTGGAGCAGATGGTGTTGC
	反向引物	CATGTCCACCCTTGCCAAGAT
Os05g0557700	正向引物	CAGTTGGGTGACTGGTGCACT
	反向引物	ATAGCCGTTTGAGTGTCGGAG
Os01g0741900	正向引物	CAAGAAACGCAGGCTTCGAC
	反向引物	AGAGATGGGCTCTCTTGCTGT
Os08g0137400	正向引物	TGTGGGACATGGAGACCGAC
	反向引物	GCGAGTACGTGAACGTGAGCT
Os03g0324200	正向引物	TGATCCACTCCAGCAGAGCAC
	反向引物	TGACCTCTGGCCATCCATG
Os09g0474300	正向引物	ACCTCGTCCTGGTGCATCAC
	反向引物	GACCTTGCTCGCCATTACGT
U6	正向引物	CGATAAAATTGGAACGATACAGA
	反向引物	ATTTGGACCATTTCTCGATTTGT
Actin	正向引物	GTGAAGACCCTGACTGGGAAGACC
	反向引物	ATACCGCCACGGAGCCTGAG

2.2.6.3　miRNA cDNA 第一链合成

利用茎环法进行反转录反应合成 miRNA cDNA 第一链，具体操作步骤如下：

（1）将离心管放在冰上，按照表 2.6 所示的比例加入试剂，配制成混合物。

表 2.6　miRNA cDNA 第一链合成反应体系

试剂名称	用量
2×miRNAL 逆转录预混液	10 μL
miRNAL 逆转录酶混合液	1.5 μL
总 RNA/miRNA	3～4 μg/200 ng
茎环引物（10 μmol/L）	1 μL
无 RNA 酶双蒸水	定容至 20 μL

（2）混合物配制完成之后，轻轻混匀，并离心 3～5 s，反应混合物在 16 ℃温浴 30 min，然后在 37 ℃温浴 30 min，在 85 ℃下加热 5 min，使酶失去活性，最后 4 ℃条件下保存。

（3）以合成的 cDNA 反应液为模板，进行后续荧光定量 PCR 的检测。

2.2.6.4　qRT-PCR 验证 miRNAs 及其靶基因的表达

对 10 个关键差异表达 miRNAs 及其靶基因的表达进行验证。qRT-PCR 体系为 20 μL，其中含 0.6 μL cDNA 模板，10.0 μL 2×SuperReal Color PreMix，正、反向引物均为 0.6 μL，ddH_2O 为 8.2 μL。反应条件：95 ℃预变性 5 min，95 ℃变性 10 s，60 ℃退火 20 s，72 ℃延伸 30 s，共 40 个循环；然后用仪器上默认程序分析熔解曲线。每个反应进行 3 次技术重复。

2.3　结果与分析

2.3.1　高温处理小 RNA 文库构建及测序结果

2.3.1.1　高温胁迫下小 RNA 测序序列质量分析

分别构建高温逆境胁迫 0 h、3 h、6 h 和 12 h 小 RNA 文库，并进行高通量测序，结果如图 2.1A、B 所示，在 9311 品种的样本中共得到 21 329 535 个原始序列，N22 品种中共获得 21 405 649 个原始序列；然后将原始序列进行去污处理后，最后进行序列提取，结果在 9311 样本中提取 17 157 478 个纯净序列，占 80.44%，在 N22 中提取到 17 874 788 个纯净序列，占 83.50%，两个品种的纯净序列所占的百分比都大于 80%，这说明本次测序小 RNA 的序列质量可信。

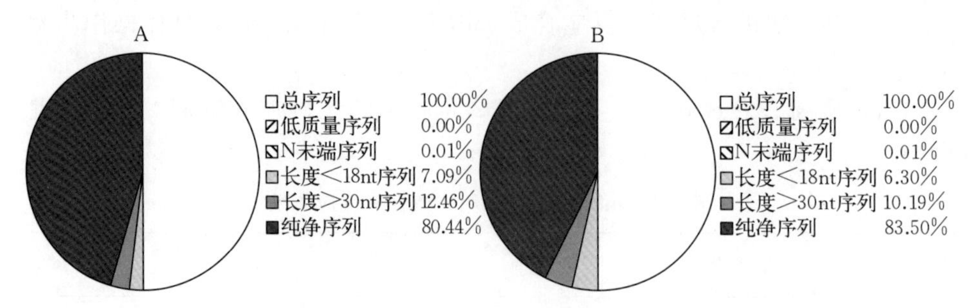

图 2.1 9311（A）和 N22（B）品种样品的测序片段结果

2.3.1.2 小 RNA 的纯净序列分析

对原始测序的序列处理后，提取高质量的纯净序列。根据纯净序列，将小RNA 作进一步分类，首先将 9311 和 N22 样本中的纯净序列分别与 NCBI 数据库、Rfam 数据库进行比对，获得序列相关信息，然后将这些序列信息与参考基因组比对，获得比对到基因组上的序列。在小 RNA 高通量测序中，通常将所含 rRNA 的总量作为判断序列质量的依据，rRNA 的含量小于 40%时，一般被认为所提取的测序数据是可靠的。图 2.2A、B 分别显示 9311 和 N22 品种样本中纯净序列 rRNA 的总量分别为 19.40%和 15.70%，均低于 40%，说明该测序所得到数据是可靠的。没有被注释的小 RNA 序列数据可用于预测新miRNAs。

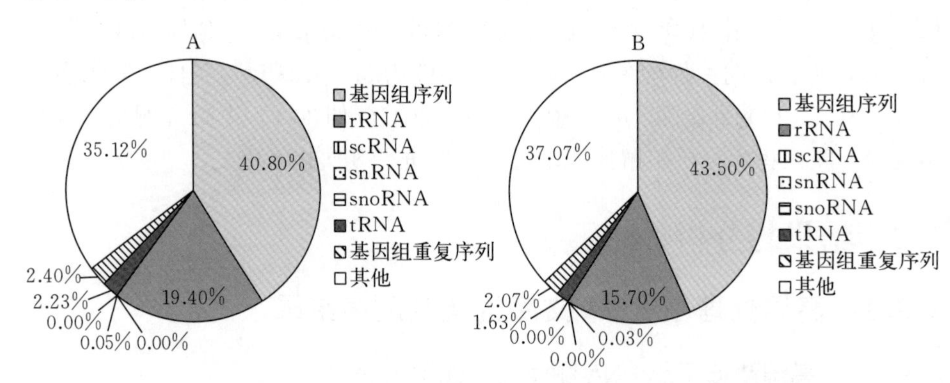

图 2.2 9311（A）和 N22（B）品种样品中小 RNA 所占的比例

去除纯净序列中 rRNA、scRNA、snRNA、snoRNA 和 tRNA 等非编码小 RNA 后，只有少数序列比对到参考 miRNAs 上，如表 2.7 所示，9311 样本高温处理 0 h、3 h、6 h 和 12 h 比对上的序列分别占总序列的 2.93%、2.80%、3.17%和 3.33%；N22 样本高温处理 0 h、3 h、6 h 和 12 h 比对上的序列分别占总序列的 2.70%、3.50%、2.87%和 3.20%。

表 2.7　9311 和 N22 品种样本在不同高温处理时间小 RNA 在参考 miRNAs 上的匹配情况

样本	处理时间	总 reads	匹配的 reads	未匹配的 reads	匹配百分比（%）	未匹配百分比（%）
9311	0 h	17 730 528	508 075	17 222 453	2.93	97.07
	3 h	15 564 210	439 588	15 124 622	2.80	97.20
	6 h	16 597 298	527 427	16 069 871	3.17	96.83
	12 h	18 737 876	609 962	18 127 914	3.33	96.67
N22	0 h	18 636 441	503 871	18 132 570	2.70	97.30
	3 h	18 182 266	635 841	17 546 425	3.50	96.50
	6 h	17 197 653	484 141	16 713 512	2.87	97.13
	12 h	17 482 792	549 972	16 932 820	3.20	96.80

2.3.1.3　9311 和 N22 品种中 miRNAs 的长度分布

对 9311 和 N22 样本中在 18～30 nt 范围的 miRNAs 分布进行统计，由图 2.3 可知，高温胁迫下 9311（图 2.3A）和 N22（图 2.3B）样本中 miRNAs 主要分布在 19～25 nt 范围内，分别约占总序列的 94.23%和 91.02%；其中长度为24 nt 的 miRNAs 占总数的比例最高，两品种分别为 51.08%和 49.62%，其次是 21 nt 和 23 nt，这与通常认为的 miRNA 长度多集中分布在 20～24 nt 的结果一致。据报道，一些 miRNAs 的类型可以通过其长度的分布情况来判断它们的所属类型，通常对于保守 miRNAs 家族成员来说，它们的序列长度大部分为 21 nt，可是在某些特异物种中的 miRNA，24 nt 长度的片段占多数[15]。

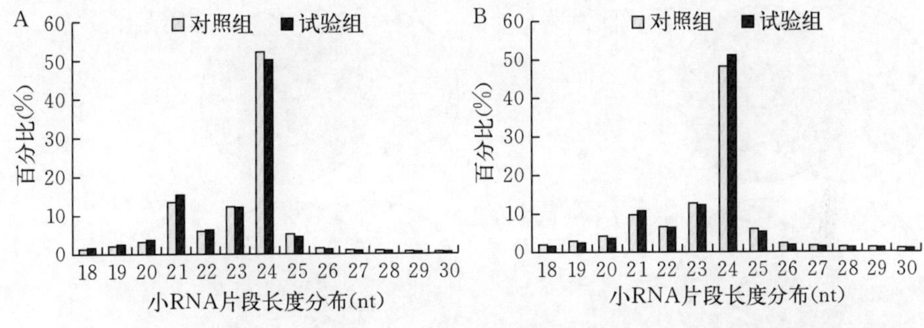

图 2.3　高温逆境胁迫下 9311（A）和 N22（B）品种样本中 miRNAs 的长度分布

2.3.1.4　9311 和 N22 品种样本 miRNAs 的公共与特有序列及定位情况分析

为检测高温胁迫下各 miRNAs 文库之间序列是否存在显著差异，对两个品种各文库中的公共序列和特有序列的种类和数量进行了分析，结果如图 2.4、图 2.5 所示。在 9311 样本中，高温处理 0 h 和 3 h 共有序列种类数为 89 172，占总种类读取数的 8.60%；两个文库间共有序列总数为 33 294 738，

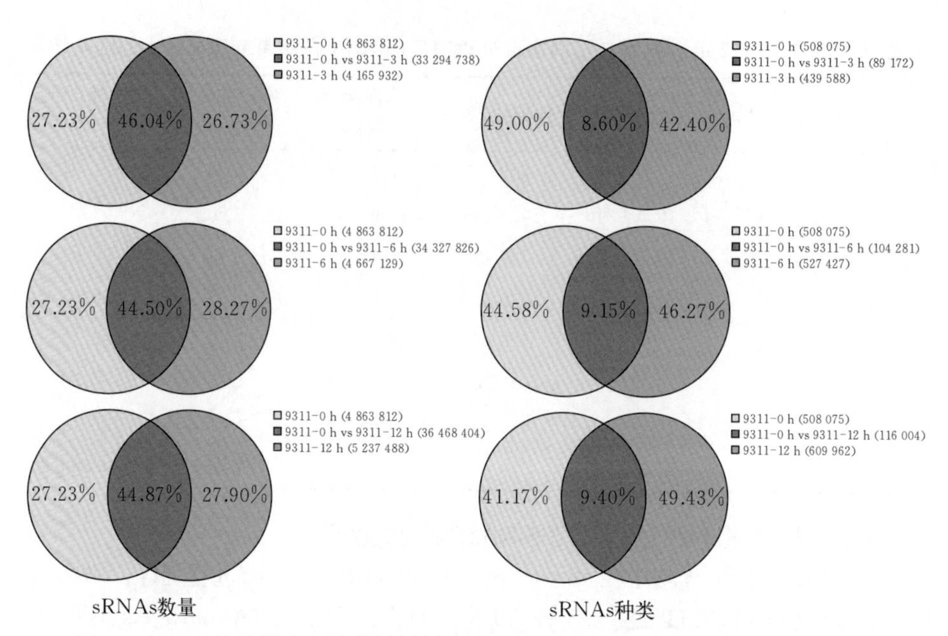

图 2.4　9311 品种样本测序数据 RNA 种类和总 RNA 在两个文库中的分布情况

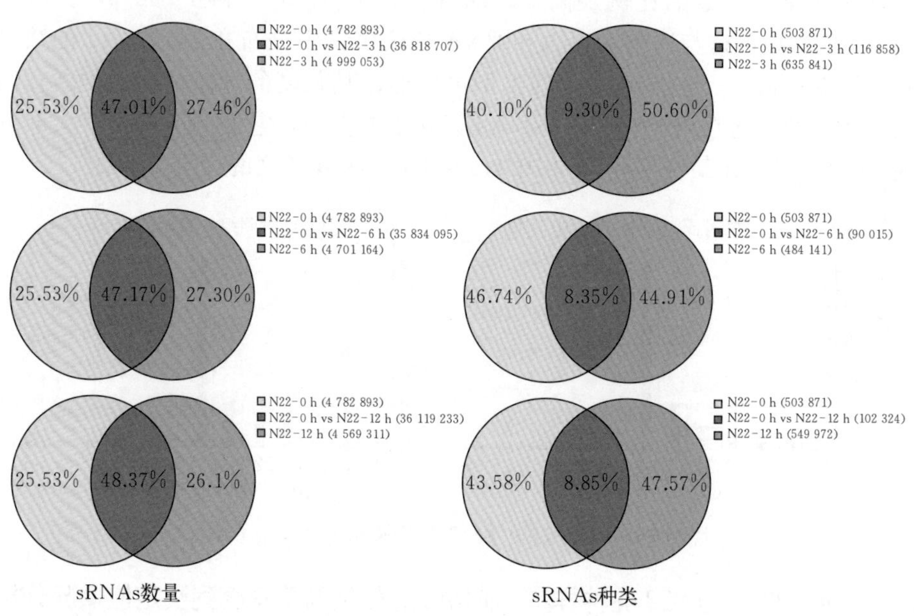

图 2.5　N22 品种样本测序数据 RNA 种类和总 RNA 在两个文库中的分布情况

占总共读取数序列的 46.04%。高温处理 0 h 和 6 h 共有序列种类数为 104 281，占总种类读取数的 9.15%；两个文库间共有序列总数为 34 327 826，占总序列的

44.50%。高温处理 0 h 和 12 h 共有序列种类数为 116 004，占总种类读取数的 9.40%；两个文库间共有序列总数为 36 468 404，占总序列的 44.87%。由图 2.4 可知，高温处理 12 h 公共序列和特有序列的种类和数量均略多于其他 3 个文库。

在 N22 样本中，高温处理 0 h 和 3 h，共有序列种类数为 116 858，占总种类读数的 9.30%；两个文库间共有序列总数为 36 818 707 个，占总序列的 47.01%。高温处理 0 h 和 6 h 共有序列种类数为 90 015，占总种类读取数的 8.35%；两个文库间共有序列总数为 35 834 095，占总序列的 47.17%。高温处理 0 h 和 12 h 共有序列种类数为 102 324，占总种类读取数的 8.85%；两个文库间共有序列总数为 36 119 233，占总序列的 48.37%。由图 2.5 可知，高温处理 3 h 拥有公共序列和特有序列的种类和数量最多。

将 9311 和 N22 样本的相关序列与水稻参考基因组进行匹配，获得 miRNAs 在染色体上的分布位置，9311 文库中 miRNA 片段 reads 分布相对较多的染色体是 Chr01、Chr02、Chr03、Chr04、Chr10 和 Chr12，较少的是 Chr07、Chr09（图 2.6）。N22 文库小 RNA 片段 reads 分布相对较多的染色体是 Chr01、Chr02、Chr03、Chr04、Chr10 和 Chr12，较少的是 Chr06、Chr07 和 Chr09（图 2.7）。

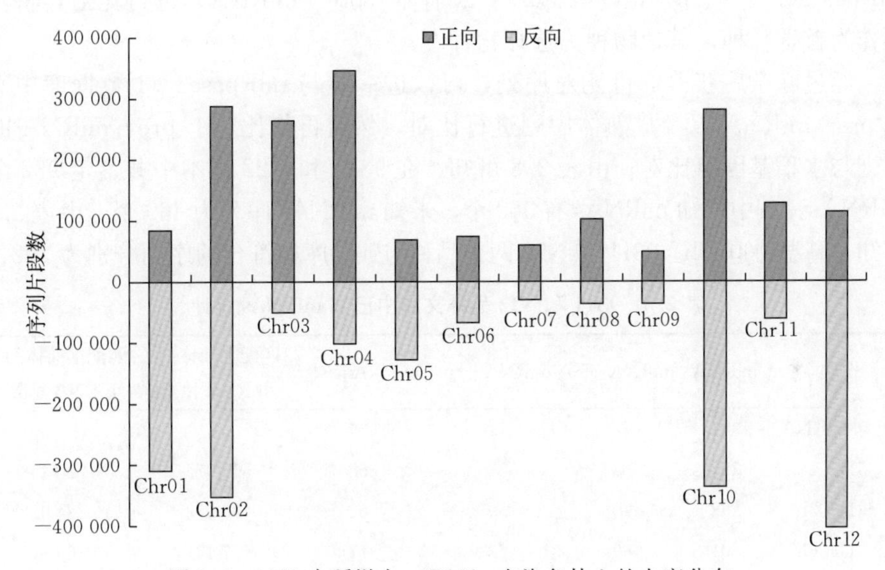

图 2.6　9311 水稻样本 miRNAs 在染色体上的丰度分布

2.3.2　高温胁迫下水稻 miRNAs 的鉴定

2.3.2.1　高温胁迫下水稻已知 miRNAs 的鉴定

为了筛选 9311 和 N22 品种应答高温胁迫的关键已知 miRNAs，利用

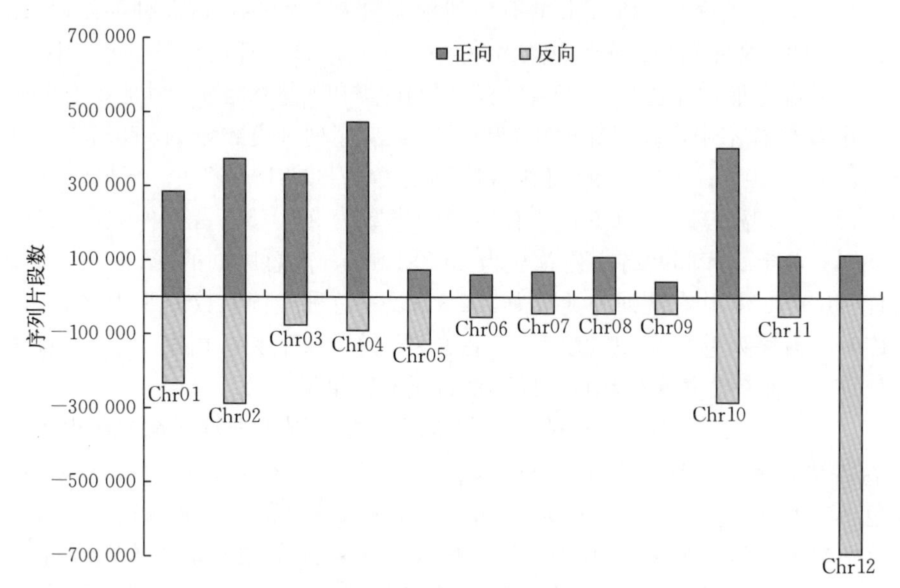

图 2.7 N22 水稻样本 miRNAs 在染色体上的丰度分布

miRbase20.0数据库中植物的 miRNAs 前体（pre－miRNA）进行比对，将水稻作为首选物种，其他物种为选择物种。

经过除杂后获得的可比对序列，可以进一步与 miRbase22.1 数据库中水稻 pre－miRNA 以及成熟体序列进行比对，然后再将比对上 pre－miRNA 的序列与水稻基因组比对。由表 2.8 可知，在 9311 和 N22 样本中共鉴定 932 个 miRNAs，其中已知 miRNAs 有 463 个，未知 miRNAs 序列为 469 个。由表 2.8 可知，高温胁迫 3 h，9311 和 N22 两个品种与数据库相符合的序列分别为 292、

表 2.8 9311 和 N22 品种文库中已知 miRNAs 统计

分类	miRNA	miRNA－5p	miRNA－3p	miRNA 前体	匹配上前体的小 RNA 种类	匹配上前体的小 RNA 总数
已知 miRNA	321	72	71	399	—	—
9311－0h	293	68	58	368	508 075	17 222 453
9311－3h	292	70	59	362	439 588	15 124 622
9311－6h	301	69	62	377	527 427	16 069 871
9311－12h	319	68	69	376	609 962	18 127 914
N22－0h	296	69	69	377	503 871	18 132 570
N22－3h	295	70	68	380	635 841	17 546 425
N22－6h	295	68	67	370	484 141	16 713 512
N22－12h	297	68	66	375	549 972	16 932 820

295 个，6 h 时分别为 301、295 个，12 h 时分别为 319 和 297 个。高温胁迫 3 h，9311 品种已知 miRNAs 中，出现 5p、3p 形式的序列分别为 70、59 个，6 h 时分别为 69、62 个，12 h 时分别为 68、69 个；N22 品种已知 miRNAs 中，高温胁迫 3 h，出现 5p、3p 形式的序列分别为 70、68 个，6 h 时分别为 68、67 个，12 h 时分别为 68 个、66 个。

2.3.2.2　高温胁迫下水稻已知 miRNAs 家族成员统计分析

对所获得的 463 个已知 miRNAs 进行分析，发现这些基因归属于 234 个不同 miRNAs 家族，每个家族成员数目存在一定差异，数量为 1～18 个，多数为 1～10 个。由于家族成员数量比较多，本章列举了 55 个 miRNAs 家族，如图 2.8A，拥有最多成员的是 miR812 和 miR166 家族，分别为 18 个和 17 个；其次是 miR2118 和 miR395 家族，均有 13 个；miR169 家族为 12 个；miR160 和 miR171 家族均为 10 个；其他家族成员均在 10 个以内。与保守家族相比，非保守家族 miRNAs 成员数相对较少，其中最多的是 miR444 家族，数量为 9 个；其次是 miR1846 和 miR818 家族，分别为 6 个和 5 个；其他家族均在 3 个以内。

通过对 miRNA 家族成员表达丰度分析，由图 2.8B 可知，在保守 miRNAs 家族中，miR166 家族表达丰度值最高，在 9311 和 N22 样本中分别占比 42.80% 和 36.30%，其次是 miR396 和 miR319 家族，其表达丰度值在 100 000 以上；最

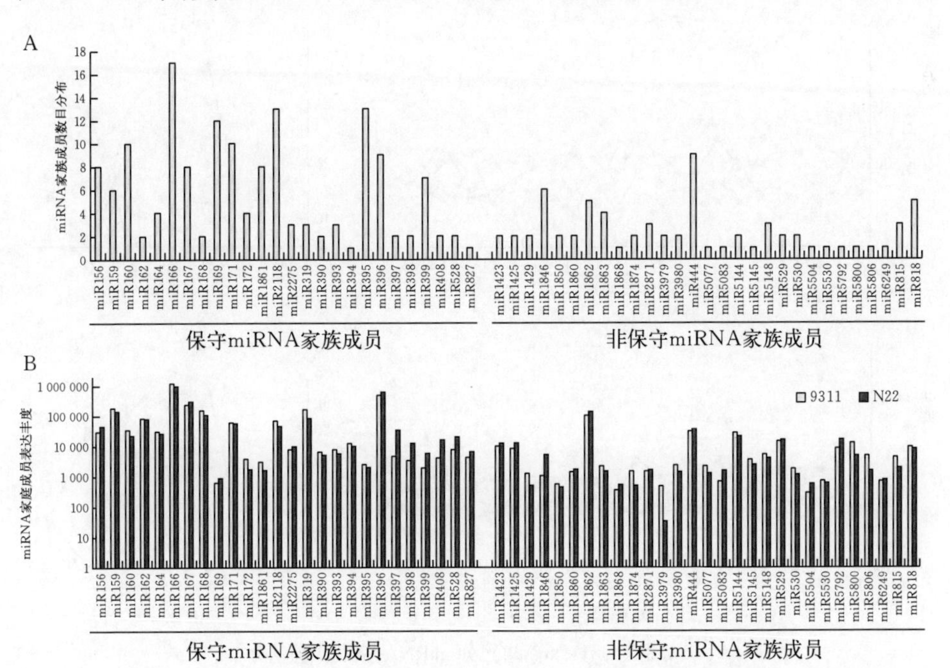

A 为保守、非保守 miRNAs 家族成员数量统计；B 为保守、非保守 miRNAs 家族成员的表达丰度

图 2.8　水稻 9311 和 N22 各 miRNAs 家族成员数目分布及表达丰度

低的是 miR169 家族，表达丰度值低于 1 000。与保守家族相比，非保守 miRNAs 家族中 miRNA 的表达丰度相对较低，最高的是 miR1862 家族，其表达丰度值接近 100 000，在 9311 和 N22 样本中分别占比 40.56%和 49.77%；其次是 miR444 和 miR5144 家族，其表达丰度值在 50 000 以上。除 miR3979 家族外，9311 和 N22 在同一 miRNA 家族中的表达丰度值总体上变化不大。

2.3.2.3 高温胁迫下水稻已知 miRNAs 的碱基特性分析

miRNA 序列碱基组成与其化学、物理和生物学特性、二级结构特征等紧密相关。通过对 9311 和 N22 已知 miRNA 各碱基的分布规律及概率进行统计，由图 2.9A、B 可知，在已知 miRNAs 序列中，碱基 A、C、G 和 U 随机分配的概率不同，9311 和 N22 中出现概率最大的碱基是 G，分别为 28.80%和 28.78%，碱基 C 出现概率最小，分别为 21.52%和 21.27%。9311 和 N22 品种中 miRNA 序列的第 1、7、9、15、20 位置上出现 U 概率最大，尤其是第 1 号位置出现的偏好性最明显，分别为 39.39%和 38.31%。对不同序列长度已知 miRNA 序列进行分析，如图 2.9C、D 所示，9311 和 N22 样本中 miRNAs 的首位碱基对 U 的偏好性最大，分别为 29.53%和 30.31%，其次是 A 碱基。

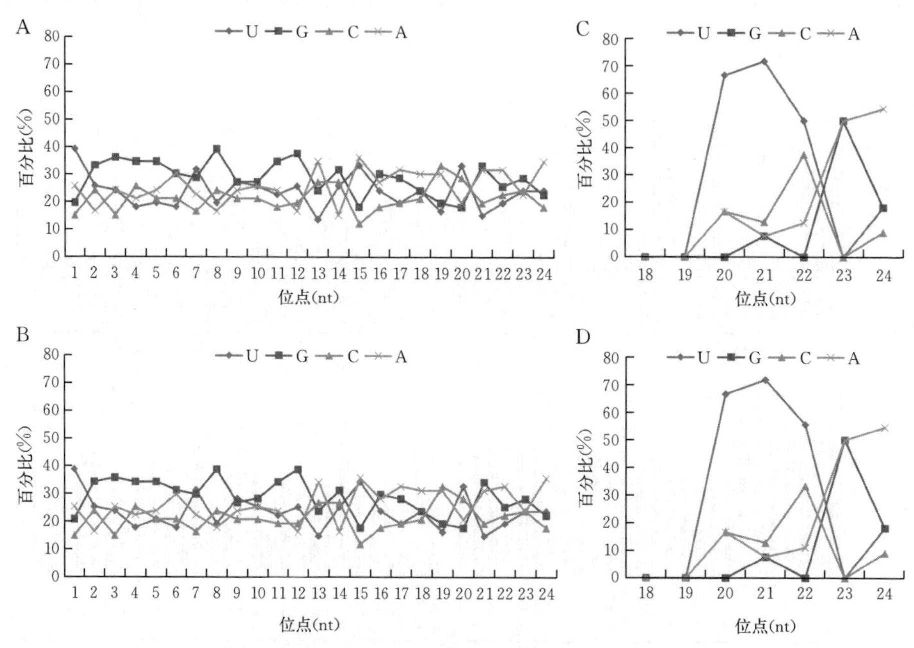

A、B 分别为 9311 和 N22 已知 miRNAs 各位点碱基分布；
C、D 分别为不同序列长度已知 miRNAs 的首位碱基分布

图 2.9 9311 和 N22 已知 miRNAs 碱基的偏好性

2.3.2.4　高温胁迫下水稻新 miRNAs 的鉴定

鉴定已知 miRNAs 之后，对那些不能比对到 miRBase 中的 pre-miRNA 进行分析，将其比对到水稻基因组上。通过对 miRNAs前体的发卡二级结构序列进行分析，预测新 miRNAs。9311 和 N22 品种共获得 469 条未知 miRNAs 序列，长度在 18～24 nt，其中长度为 24 nt 的 miRNAs 为 234 个，占 49.89%；长度为 21 nt 的 miRNAs 为 179 个，占 38.17%（图 2.10），将这些序列逐一筛选，共获得 125 个新 miRNAs，如表 2.9 所示。

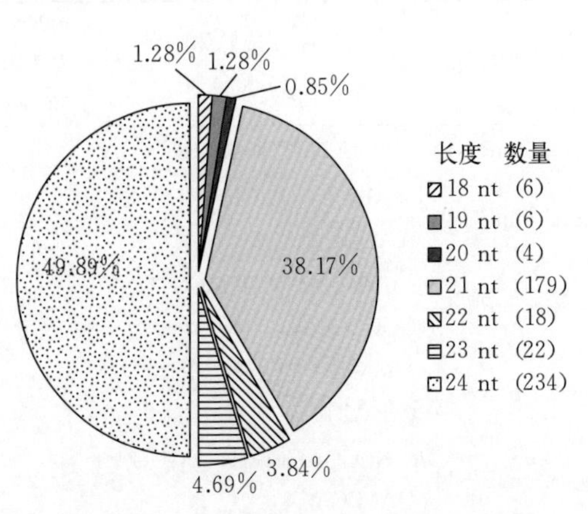

图 2.10　新 miRNAs 的长度及分布数量

表 2.9　水稻 9311、N22 样本文库新 miRNAs 的序列结构特征

新 miRNAs	miRNAs 成熟体序列 (5′-3′)	miRNAs 成熟体长度 (nt)	miRNAs 前体长度 (nt)	GC 含量 (%)	MFE (kcal/mol)	MFEI	Arm
novel-miR-1	GGGAAAUGCUAGAAUGACUUACAU	24	96	28.13	−37.50	5.84	3′
novel-miR-2	CUCCUCAAGGACCGUAGAAUUGCU	24	89	36.26	−51.70	2.31	3′
novel-miR-3	GUUUCACCUAGGAUGAGGACGUG	23	93	47.31	−54.40	1.31	5′
novel-miR-4	AGGGACUUAUACUUUUGUGAGAGG	24	100	42.86	−48.00	1.24	3′
novel-miR-5	UUUUUAUAUGACGUUGGCUAGUU	23	57	29.82	−26.90	6.43	5′
novel-miR-6	CGUGACAUAUAUUGGAACCGG	21	67	44.78	−20.80	15.55	3′
novel-miR-7	CUUAUAUUAUGGGACGGAGGGAGU	24	105	46.67	−66.00	9.51	3′
novel-miR-8	AAUGGACUGCACGCGUAAAUGAGC	24	90	43.33	−52.20	2.74	3′
novel-miR-9	AAUAUAUUGUAAUCUAGGAUGGGU	24	72	34.72	−42.30	3.34	5′

（续）

新 miRNAs	miRNAs 成熟体序列（5′-3′）	miRNAs 成熟体长度（nt）	miRNAs 前体长度（nt）	GC 含量（%）	MFE（kcal/mol）	MFEI	Arm
novel-miR-10	CGUCGUCGGCGCGGCCGA	18	52	78.85	−23.90	10.92	3′
novel-miR-11	AUUUGUUGUAUUAGGGAAUGUCUC	24	65	38.46	−36.70	2.01	3′
novel-miR-12	AGCCACGCGGACGCUGUGCUCGCC	24	85	69.41	−50.80	7.78	3′
novel-miR-13	CAGAUUUAUUAUAUUAGGAUGUGU	24	84	32.14	−37.60	7.66	3′
novel-miR-14	GCGGAUCCGGCUGUGAGUACCCAC	24	57	66.67	−21.60	6.55	5′
novel-miR-15	ACGAAUCUCGGGAUAGACAGCUCG	24	88	61.36	−36.80	8.82	5′
novel-miR-16	UCCCUUCCUCGUGAUCCAGCU	21	84	50.00	−21.70	9.60	5′
novel-miR-17	CGGUUUCUGCUGCUCUGGCUGCGG	24	59	64.41	−22.80	5.71	3′
novel-miR-18	GUUCCAUCUAGGAUGAUGACGUG	23	92	45.65	−38.30	2.08	5′
novel-miR-19	AAAUAUGGAUAAUGCUAGAAAGUC	24	93	29.03	−53.20	5.55	5′
novel-miR-20	AUACUUGAUCGCGGCAAGGAU	21	84	52.38	−25.50	10.18	5′
novel-miR-21	AGUUGAGUCACUGACAUGUAGGCC	24	71	45.07	−37.70	5.83	5′
novel-miR-22	AUCGGAUCUGAUACCUAUGGUACC	24	76	39.47	−33.7	1.40	3′
novel-miR-23	AUCGGAUUUGGUACCUUUAGUACU	24	94	34.04	−38.90	1.91	3′
novel-miR-24	UUAAGGAGCCGUCUGCGAAAAUGC	24	84	46.43	−40.20	4.47	3′
novel-miR-25	AUGUUCGGCUGCCGGGGCUACGGC	24	81	69.14	−48.20	15.98	5′
novel-miR-26	ACUAGGUUUGUUUAUUUUGGGACA	24	67	37.31	−36.50	1.49	3′
novel-miR-27	GUUUCCGAUCGUUGAAUCUAACAA	24	67	44.78	−27.60	1.08	5′

（续）

新 miRNAs	miRNAs 成熟体序列（5′-3′）	miRNAs 成熟体长度（nt）	miRNAs 前体长度（nt）	GC 含量（%）	MFE（kcal/mol）	MFEI	Arm
novel-miR-28	UGGUGAUAACAGGAGCUUGGA	21	62	45.16	−20.80	4.19	5′
novel-miR-29	GUUUUAUCUAGGAUGUGGACGUG	23	86	45.35	−54.40	3.24	5′
novel-miR-30	GAUCUUUAGUCCCGGAUUCGUAGU	24	110	42.73	−57.00	4.23	3′
novel-miR-31	AGCAAUCUUGUACUGGAUGGGACA	24	75	38.67	−35.00	4.79	5′
novel-miR-32	CGCCGGCGGGGGCCUCGG	18	77	88.31	−53.70	4.62	3′
novel-miR-33	AACUCCACCUAGAACAAUGAAUCU	24	64	34.38	−20.60	3.34	5′
novel-miR-34	AACCGGGACUAAAGAUGCAUCUUU	24	75	44.00	−43.50	1.42	5′
novel-miR-35	UCCCGUGCGGUUGGAUUAGGACGC	24	58	48.28	−29.60	5.79	3′
novel-miR-36	GGCAGAGCGCGCCGCCGUCGAGCG	24	50	78.00	−29.60	1.21	3′
novel-miR-37	AUAAAUGUGGAAAAUGCUAGAAUG	24	100	31.00	−57.00	1.48	3′
novel-miR-38	CGCAAAUUCCAUAUCGUGGACGGU	24	76	51.32	−21.40	3.77	5′
novel-miR-39	AUCCGAUCUGGUACUCAUAGGUAU	24	62	43.55	−26.00	1.63	3′
novel-miR-40	AGUGGUCUGCCUGUGAAAAUAGAC	24	85	52.94	−56.00	1.80	3′
novel-miR-41	UGGGAAAUACUAGAAUGACUUACA	24	83	28.92	−24.00	9.47	3′
novel-miR-42	AUGCUGAGGUUCUUGAGCCACGUC	24	66	63.64	−25.60	2.41	5′
novel-miR-43	GCUAUUGGUGAUGGUAGAGACGUG	24	87	63.22	−39.40	7.80	3′
novel-miR-44	AACCGGGACUAAAGAUCGAUCUUU	24	75	48.00	−34.90	3.78	5′

（续）

新 miRNAs	miRNAs 成熟体序列（5′-3′）	miRNAs 成熟体长度（nt）	miRNAs 前体长度（nt）	GC 含量（%）	MFE（kcal/mol）	MFEI	Arm
novel-miR-45	AACCGGGACUAAAGAUCGAUCUUU	24	56	48.21	−25.90	1.61	3′
novel-miR-46	AUCUGCUUCUACACCGGCAACCU	23	80	61.25	−34.80	4.46	3′
novel-miR-47	AGAACAAAAGAUUGGAUGAGACGU	24	75	30.67	−23.00	5.52	5′
novel-miR-48	CUUCUAGUACAAUAAAUCUGGACU	24	59	32.20	−25.30	2.19	5′
novel-miR-49	GACGUGAUACGUGGUAGAAAUCGU	24	71	40.85	−26.40	7.01	5′
novel-miR-50	AAGGAGCCGUAUGGGAAAAUGACC	24	91	41.76	−35.60	5.89	3′
novel-miR-51	GGGACUUAUGCUUUUGUGAGAGA	23	51	41.18	−22.80	0.91	3′
novel-miR-52	AGAAUGACUUACAUUGUGAAACGG	24	91	25.27	−35.70	8.60	3′
novel-miR-53	CGUCCAUAUCGUGCAGCGUGU	21	63	57.14	−24.00	2.06	5′
novel-miR-54	GUCAAAUUCGUUGUAUUAGGAUGU	24	72	29.17	−24.50	4.52	3′
novel-miR-55	UUGUGAUCUAUAUAUGCCCUUU	22	82	39.02	−28.60	4.55	3′
novel-miR-56	AUGAAUGUGAGAAAUGCUAGAAUG	24	52	34.62	−20.80	1.16	3′
novel-miR-57	ACUUUAGUCCCGGUUGGUAGUACC	24	93	38.71	−43.60	1.70	5′
novel-miR-58	GCUAGUAAAGAGGAGUGGCUGCUG	24	72	44.44	−18.77	7.12	5′
novel-miR-59	CAUCUGAUCUGAUACCUAUGGUAC	24	57	45.61	−18.40	5.36	5′
novel-miR-60	AAGAGAUUUUAGGUGAAUAUGACA	24	89	28.09	−24.10	10.49	5′
novel-miR-61	AAAUCAUUUCCGAUCGUUGGAUCU	24	77	40.26	−33.80	0.91	5′

（续）

新 miRNAs	miRNAs 成熟体序列（5′-3′）	miRNAs 成熟体长度（nt）	miRNAs 前体长度（nt）	GC 含量（%）	MFE（kcal/mol）	MFEI	Arm
novel-miR-62	CAGCACGGCGAGUUACACUGU	21	70	64.29	−28.60	5.25	3′
novel-miR-63	AAAGAUCGAUCUUUAGUCCCGGUU	24	55	40.00	−26.00	2.27	5′
novel-miR-64	AGGGCUGACGUAGCAUCCGACAUG	24	84	46.43	−21.70	10.36	5′
novel-miR-65	CCGGGACUAAAGAUCGCUAUCUUU	24	90	44.44	−46.10	1.96	5′
novel-miR-66	AUGUUGAACUUUAGAAUUUAGUGG	24	79	32.91	−40.70	4.19	3′
novel-miR-67	UUUCGAUCUACUUAGUGAAACAAU	24	77	28.57	−23.70	7.00	3′
novel-miR-68	GUGUGCCCUGCAUGUUCUUCGAUC	24	93	60.22	−35.20	14.43	5′
novel-miR-69	AGGAUUAGAGGGAACUGAACC	21	58	39.66	−26.40	5.33	5′
novel-miR-70	AAGAGGACCGCAUGAGAAAAUAGG	24	74	41.89	−24.50	5.34	3′
novel-miR-71	AUCGGAUCUGAUACCUAUGGUACU	24	88	43.18	−58.90	1.42	5′
novel-miR-72	CUCAGUUUUCUCCAACAUCUUA	22	70	40.00	−25.20	2.45	3′
novel-miR-73	UUCAGUUUCCUCCAACAUCUUA	22	79	37.97	−34.10	1.95	3′
novel-miR-74	GUUUCACUUAGGAUGAGGACGUG	23	87	45.98	−59.70	2.13	5′
novel-miR-75	CUACACCCACGUUGGAUCCGCCCC	24	66	63.64	−34.30	4.24	3′
novel-miR-76	GACGAUUUGUCGGCUUCGGCUUGC	24	70	52.86	−27.90	5.80	5′
novel-miR-77	AGAAGACCGUCUAUGAAAAAACCU	24	94	36.17	−27.20	12.30	3′
novel-miR-78	AAAUCGUUUCCGAUCGUUGGAUCU	24	72	48.61	−40.50	1.39	5′

（续）

新 miRNAs	miRNAs 成熟体序列（5′-3′）	miRNAs 成熟体长度（nt）	miRNAs 前体长度（nt）	GC 含量（%）	MFE（kcal/mol）	MFEI	Arm
novel-miR-79	UAGUCGAUUUAUACAGUGUGU	21	74	37.84	−28.60	4.68	5′
novel-miR-80	AUUUGUUGAGCUAUUAGGGAG	21	70	44.29	−20.70	6.71	5′
novel-miR-81	GAAACUGUUUGGCUGAGCUCCAGU	24	68	54.41	−39.00	1.99	5′
novel-miR-82	AAGUCGUGCAGUUGUUGCCUA	21	47	70.21	−22.20	1.57	3′
novel-miR-83	GAAUGUGGAAAAUGUUAGAAUGAC	24	84	32.14	−38.70	4.59	3′
novel-miR-84	CAGGGACGGCCUAGUGGAUGUUGG	24	72	61.11	−23.20	5.46	5′
novel-miR-85	AGGAUUAGAGGGAACUGAACC	21	64	37.50	−34.20	3.98	5′
novel-miR-86	AGGAUUGGAGGGAAUCAAACU	21	124	35.48	−64.50	28.56	5′
novel-miR-87	AGGGUUAGAGGGAACUGAAUC	21	71	39.44	−31.60	3.37	5′
novel-miR-88	UUCAGUUUCUUCUAAUAUCUCA	22	71	39.44	−33.60	3.74	3′
novel-miR-89	CUUGUUUUCCUCCAAUAUCUCA	22	81	41.98	−24.40	5.87	3′
novel-miR-90	GAACUGCAUGGGAAAUUUUGUU	22	86	47.67	−36.30	6.11	5′
novel-miR-91	GAAGUGCAUGGGGAAUUUUGUU	22	86	48.84	−42.50	5.55	5′
novel-miR-92	UGUGUCACUGACGUGUGGGCC	21	57	54.39	−37.40	1.55	5′
novel-miR-93	UUCAUCUAGUAUGAGGACGUG	21	84	42.86	−41.60	2.98	5′
novel-miR-94	CAUCUCCGCCUCGGACUGUUGCGG	24	79	69.62	−36.00	18.49	5′
novel-miR-95	ACGGACGCUGUGCCCGAUUGAGAU	24	66	57.58	−27.20	1.74	5′

（续）

新 miRNAs	miRNAs 成熟体序列（5′-3′）	miRNAs 成熟体长度（nt）	miRNAs 前体长度（nt）	GC 含量（%）	MFE（kcal/mol）	MFEI	Arm
novel-miR-96	AUGUGUCUAGAUUCGUUAACAUCU	24	51	27.45	−28.60	1.05	3′
novel-miR-97	CCUCUGACGUGGUCACUGACAGGU	24	70	64.29	−39.80	1.03	5′
novel-miR-98	UUAAUAUGAGGUGCUCUGCUG	21	78	38.46	−27.74	4.94	3′
novel-miR-99	UAAGACUGGAUGUGACAUAUUC	22	89	38.20	−39.20	2.44	5′
novel-miR-100	AGGAUUGGACAUUUUUUAGACAGA	24	85	30.59	−23.60	10.91	3′
novel-miR-101	GGAAACGAUUUAGUACUGUAAGGU	24	75	40.00	−26.00	2.39	3′
novel-miR-102	UAGGUUUGUUUAUUUUGGGACG	22	75	37.33	−35.00	5.59	3′
novel-miR-103	ACGAUUUUUGUAGGCGGACCACA	23	88	48.86	−56.50	5.55	5′
novel-miR-104	CGGUCUGACCAGCUCUGCAUGGCC	24	81	66.67	−50.20	0.88	5′
novel-miR-105	UGUUCCACCUAGGAUGAGGACGUG	24	93	46.24	−46.50	2.88	5′
novel-miR-106	UGAGCUCGGGGGCGACCAGAUC	22	64	75.00	−33.50	5.71	3′
novel-miR-107	UACUUGUAUCGUGUUUCCUGU	21	58	37.93	−28.50	1.23	5′
novel-miR-108	ACCGGUCAGACUGGCUGAACAGCC	24	79	67.09	−44.70	2.24	5′
novel-miR-109	AUCCGACGAAGUGAUAGUAACAUU	24	86	26.74	−32.10	10.71	5′
novel-miR-110	UAUGAAUUUUGGAUGUCUUGU	21	84	42.86	−21.70	8.47	5′
novel-miR-111	CUAGUAGUUCUCUAAGUAUUGGGC	24	72	44.44	−20.10	3.66	3′
novel-miR-112	GUUGAUCUACCGGUCUGACCGAGC	24	57	56.14	−25.10	3.80	5′

（续）

新 miRNAs	miRNAs 成熟体序列（5′- 3′）	miRNAs 成熟体长度（nt）	miRNAs 前体长度（nt）	GC 含量（%）	MFE（kcal/mol）	MFEI	Arm
novel - miR - 113	AACGAUUUUCGCAUGCGGCUGCGC	24	92	51.09	−39.90	2.17	5′
novel - miR - 114	UCGCGAGCUGCUUGUUUUGGC	21	85	57.65	−31.70	22.11	3′
novel - miR - 115	CAAAAUUUUCCAUGCACUUCGA	22	86	45.35	−36.30	16.07	3′
novel - miR - 116	ACAGUUGCGGUAGAAGCUGACGUG	24	76	68.42	−22.80	12.62	5′
novel - miR - 117	UGGAUCUGCUCUUGCACGAAC	21	67	55.22	−21.00	2.81	5′
novel - miR - 118	CUAGCACUGAAACCUUACGUC	21	84	42.86	−33.60	3.70	5′
novel - miR - 119	AUUAGUCUUGUACUGGAUGGGACA	24	86	39.53	−33.70	8.57	5′
novel - miR - 120	UAGUUUUUUUUGGACGGAUGGAGU	24	67	41.79	−23.70	2.82	3′
novel - miR - 121	AUGAAUGUGGGAAAUGCUAGAAUG	24	67	26.87	−24.60	1.74	3′
novel - miR - 122	CCGGUCUGACCGACAUCCAGAGGC	24	84	63.10	−49.60	3.27	5′
novel - miR - 123	AAUGCGUCGUCUACAAUUUGU	21	74	41.89	−21.00	4.74	5′
novel - miR - 124	CUGCGUUGAACUGUCGGUCAU	21	59	50.85	−17.10	13.06	5′
novel - miR - 125	GUUCUGGCUGGUUAGAGCA	19	59	50.85	−16.10	5.86	5′

注：MFE 表示 miRNA 二级结构的折叠自由能；MFEI 表示最低折叠自由能系数；Arm 表示臂，即 miRNA 是位于 5′端臂，还是 3′端臂。

2.3.2.5 高温胁迫下水稻新 miRNAs 的序列及结构特征

通过对表 2.9 中的 125 个新 miRNAs 成熟体、前体及 miRNAs 二级结构特征进行分析发现，这些新 miRNAs 前体序列长度在 50～124 nt 范围，形成二级结构的折叠自由能（用字母 MFE 表示）在−66.00～−20.10 kcal/mol，平均值为−34.31 kcal/mol，最低折叠自由能系数（用字母 MFEI 表示）为 0.88～

28.56，平均值为 5.13。

2.3.2.6　高温胁迫下水稻新 miRNAs 的碱基特性分析

对高温胁迫下水稻新 miRNAs 的碱基特性进行分析，结果如图 2.11 所示，在 18～24 nt 范围的新 miRNAs 首位碱基分布具有一定偏好性，出现概率最大的是碱基 U，占 34.14%。对新 miRNAs 不同位点碱基的偏好性分析发现（图 2.12），出现概率最大的是碱基 U 和 G，分别占 29.00%和 26.49%；概率最小的是碱基 C，为 18.46%。新 miRNAs 表达丰度分析发现（图 2.13），在 9311 和 N22 样本中表达丰度 10 000 以上的新

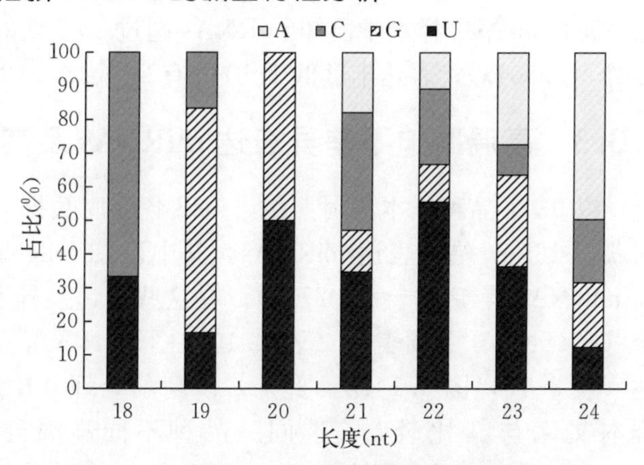

图 2.11　不同序列长度新 miRNAs 首位碱基分布

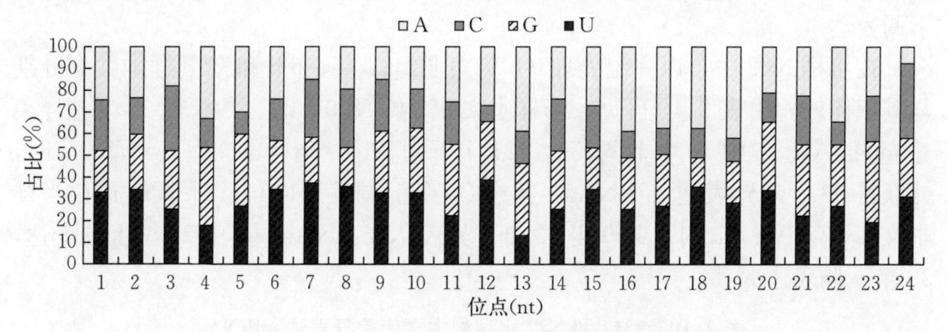

图 2.12　新 miRNAs 各位点碱基分布

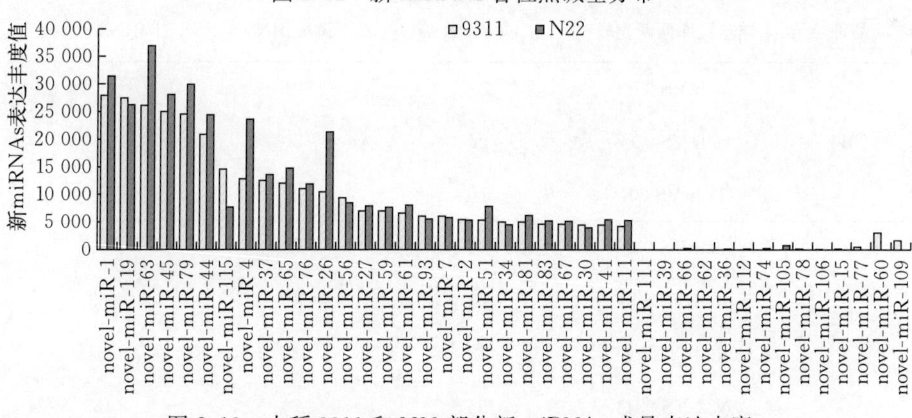

图 2.13　水稻 9311 和 N22 部分新 miRNAs 成员表达丰度

miRNAs分别有42个、45个，分别占8.96%和9.59%；表达丰度低于10的miRNAs有17个（3.62%）、19个（4.05%）。与新miRNAs表达丰度值相比，9311和N22样本中已知miRNAs超过10 000的分别有38（8.20%）个、44个（9.50%）；表达丰度低于10的有26个（5.62%）。

2.3.3 高温胁迫下差异表达miRNAs及其靶基因的鉴定

以9311品种样本为对照组，N22各文库数据与9311的进行比较，结果共获得165个差异表达miRNAs，其中已知miRNAs有120个（72.73%），新miRNAs有45个（27.27%）；在这些表达差异明显的miRNAs中，有95个（57.58%）上调表达（表2.10，图2.14A），70个（42.42%）下调表达（表2.10，图2.14B）。此外，以高温处理0 h为对照组，其他处理时间样本文库与其比较，筛选同一品种不同高温处理时间样本中差异表达miRNAs，9311品种样本文库3 h VS 0 h时，共获得50个差异表达miRNAs，其中上调表达为29个，下调表达为21个；当样本文库6 h VS 0 h时，共获得57个差异表达miRNAs，其中27个上调表达，30个下调表达；当样本文库12 h VS 0 h时，共获得53个差异表达miRNAs，其中18个上调表达，35个下调表达。

在水稻N22中，以高温处理0 h为对照组，3 h、6 h和12 h样本数据分别与其相比较，由表2.10可见，当样本文库3 h VS 0 h时，共获得31个差异表达miRNAs，其中10个上调表达，21个下调表达；当样本文库6 h VS 0 h时，共获得63个差异表达miRNAs，其中23个上调表达，40个下调表达；当样本文库12 h VS 0 h时，共获得62个差异表达miRNAs，其中23个上调表达，39个下调表达。

表2.10 9311和N22水稻样本文库差异表达miRNAs

品种	样本文库两两比较	上调miRNAs	下调miRNAs	miRNAs总数
9311	3 h VS 0 h	29	21	50
	6 h VS 0 h	27	30	57
	12 h VS 0 h	18	35	53
N22	3 h VS 0 h	10	21	31
	6 h VS 0 h	23	40	63
	12 h VS 0 h	23	39	62
	N22 VS 9311	95	70	165

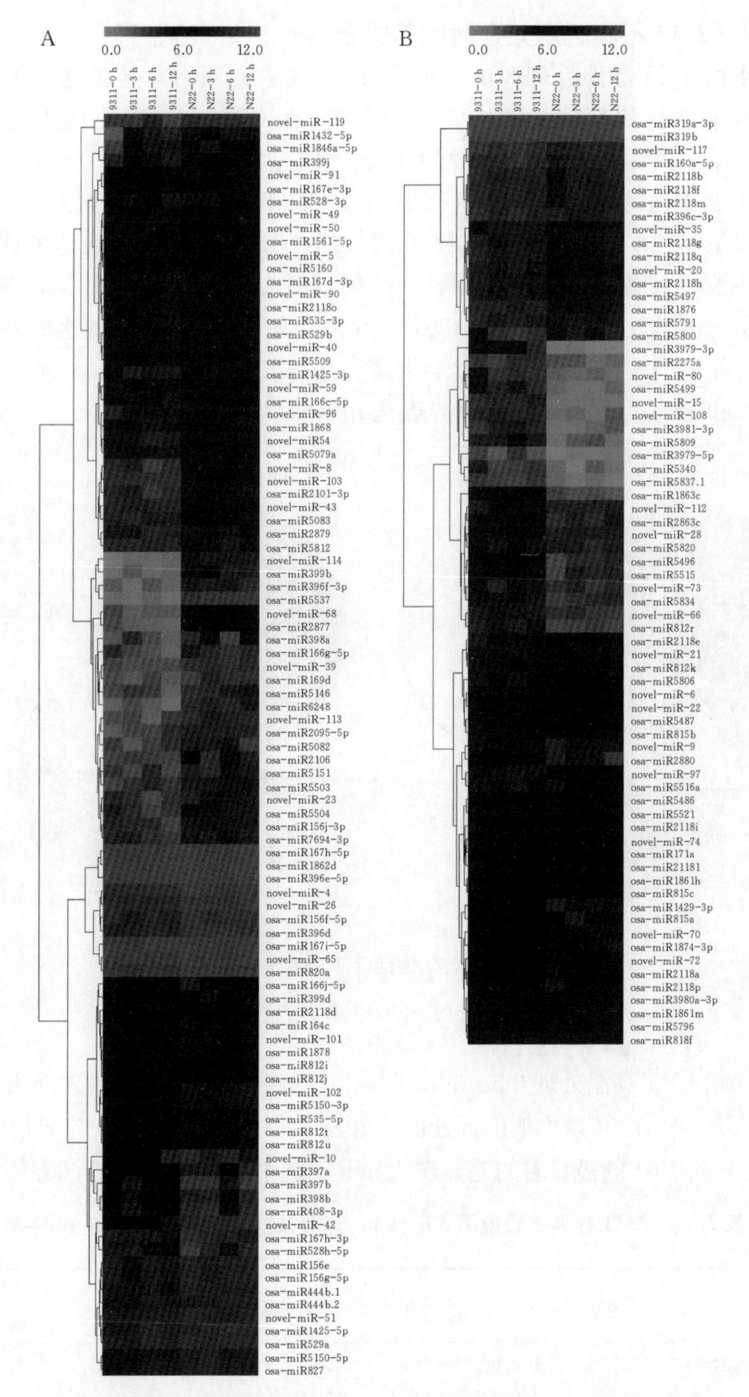

A、B 分别表示上、下调差异表达 miRNAs，深色表示高表达，浅色表示低表达

图 2.14　高温胁迫下水稻孕穗期 N22 VS 9311 差异表达 miRNAs 表达热图

2.3.3.1 9311不同高温处理时间差异表达miRNAs的鉴定

将水稻9311高温处理3 h、6 h和12 h表达上调的差异表达miRNAs文库，每两个进行比较，由图2.15 A可知，在3 h、6 h均上调表达的差异miRNAs有14个，在3 h、12 h均上调表达的差异miRNAs有12个，在6 h、12 h均上调表达的差异miRNAs有16个，在3 h、6 h和12 h均上调表达的差异miRNAs有12个。将水稻9311高温处理3 h、6 h和12 h表达下调的差异表达miRNAs文库每两个进行比较，结果表明（图2.15B），在3 h、6 h均下调表达的差异表达miRNAs有13个，在3 h和12 h均下调表达的差异表达miRNAs有18个，在6 h和12 h均下调表达的差异表达miRNAs有17个，在3 h、6 h和12 h均下调表达的差异表达miRNAs有13个。

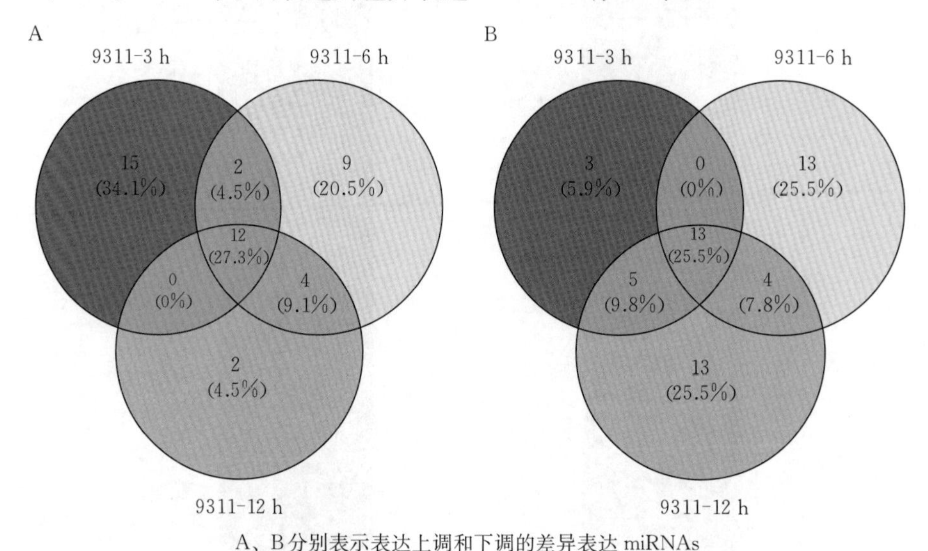

A、B分别表示表达上调和下调的差异表达miRNAs

图2.15 高温胁迫下水稻9311差异表达miRNAs维恩图

对水稻9311高温处理0 h、3 h、6 h和12 h共同上调、下调差异表达miRNAs（共25个）的转录水平进行分析，由表2.11可知，｜$\log_2$(差异倍数)｜＞0.5，且P＜0.01的极显著的差异表达miRNAs个数为19，占76.00%。

表2.11 9311在高温胁迫下3 h、6 h、12 h共同表达的差异表达miRNAs

miRNA	0 h	3 h	6 h	12 h	$\log_2$(差异倍数)	P	上/下调	显著水平
novel-miR-14	27.50	137.00	95.50	58.00	1.70	0.017	上	*
novel-miR-17	4.50	31.50	27.50	27.50	2.58	0.001	上	**
novel-miR-35	208.50	446.00	488.50	498.50	1.19	0.004	上	**

（续）

miRNA	0 h	3 h	6 h	12 h	log_2(差异倍数)	P	上/下调	显著水平
novel - miR - 75	25.00	60.00	91.50	60.00	1.45	0.006	上	* *
novel - miR - 84	79.00	402.50	446.50	606.00	2.58	2.60E - 10	上	* *
novel - miR - 94	0.50	14.50	28.00	16.00	3.82	1.38E - 06	上	* *
novel - miR - 95	435.50	756.50	1 038.50	848.00	0.99	0.018	上	*
novel - miR - 104	13.00	38.50	47.00	35.50	1.54	0.007	上	* *
osa - miR5154	57.00	109.50	153.50	126.00	1.15	0.015	上	*
osa - miR5792	102.50	790.00	799.00	1 152.00	3.13	2.02E - 14	上	* *
osa - miR5800	220.50	1 413.50	1 413.50	1 273.50	2.74	1.02E - 11	上	* *
osa - miR6249a	8.50	64.50	107.00	58.50	3.03	3.17E - 12	上	* *
novel - miR - 80	32.00	3.00	4.00	3.00	−1.42	0.017	下	*
novel - miR - 85	257.00	27.50	35.50	52.00	−1.73	2.75E - 08	下	* *
novel - miR - 86	155.00	28.00	60.00	25.50	−2.29	4.47E - 09	下	* *
novel - miR - 87	219.50	43.00	41.50	51.50	−2.39	9.83E - 11	下	* *
osa - miR1425 - 3p	25.50	6.50	162.50	80.50	−1.61	0.001	下	* *
osa - miR164c	65.50	18.00	24.00	23.00	−1.16	0.004	下	* *
osa - miR164f	1 214.00	371.50	382.00	366.00	−0.80	0.033	下	*
osa - miR166k - 5p	1 205.50	368.50	382.00	362.00	−2.16	0.002	下	* *
osa - miR171d - 5p	36.50	12.00	15.00	16.50	−3.53	0.001	下	* *
osa - miR171e - 5p	32.00	11.00	13.50	11.50	−1.84	0.007	下	* *
osa - miR1850.1	155.50	56.00	79.00	70.00	−3.17	4.79E - 06	下	* *
osa - miR2275c	247.50	101.50	139.50	102.00	−2.80	2.20E - 07	下	* *
osa - miR2871a - 5p	2 414.50	12 730	17 340	1 303.50	−1.33	0.024	下	*

注：* 表示差异显著（$P<0.05$），* * 表示差异极显著（$P<0.01$）。下同。

2.3.3.2　N22 不同高温处理时间差异表达 miRNAs 的鉴定

将 N22 高温处理 3 h、6 h 和 12 h 表达上调的差异表达 miRNAs 文库每两个进行比较，如图 2.16 A 所示，在 3 h 和 6 h 均上调表达的差异表达 miRNAs 有 4 个，在 3 h 和 12 h 均上调表达的差异表达 miRNAs 有 7 个，在 6 h 和 12 h 均上调表达的差异表达 miRNAs 有 11 个，在 3 h、6 h 和 12 h 均上调表达的差异表达 miRNAs 有 4 个。将 N22 高温处理 3 h、6 h 和 12 h 表达下调的差异表达 miRNAs 文库每两个进行比较，由图 2.16B 可知，在 3 h 和 6 h 均下调表达的差异表达 miRNAs 有 17 个，在 3 h 和 12 h 均下调表达的差异表达 miRNAs 有 17 个，在 6 h 和 12 h 均下调表达的差异表达 miRNAs 有 28 个，在 3 h、6 h 和 12 h 均下调表达的差异表达 miRNAs 有 16 个。

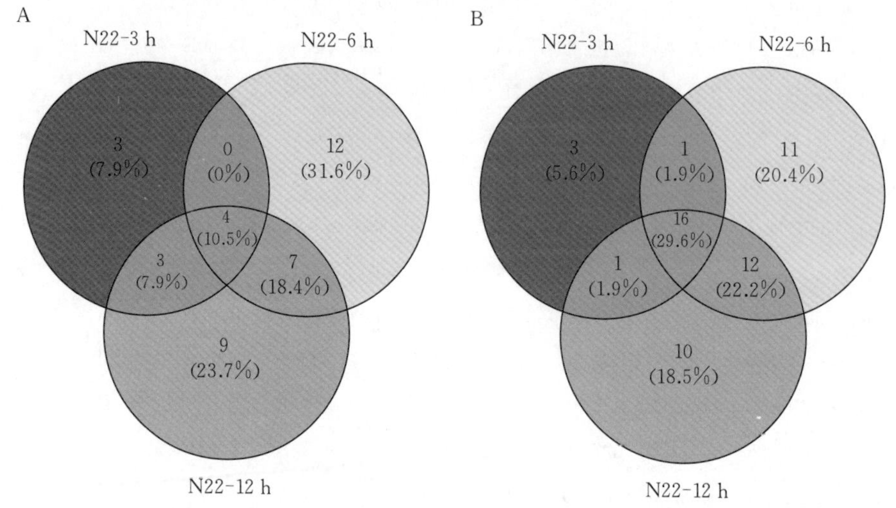

A、B 分别表示表达上调和下调的差异表达 miRNAs

图 2.16 高温胁迫下水稻 N22 差异表达 miRNAs 维恩图

对水稻 N22 高温处理 0 h、3 h、6 h 和 12 h 共同上调、下调差异表达 miRNAs（共 20 个）的转录水平进行分析，如表 2.12 所示，发现 | $\log_2$（差异倍数）| >0.5，且 P <0.01 的差异极显著的差异表达 miRNAs 个数为 12，占 60.00%。

表 2.12 N22 在高温胁迫下 3 h、6 h、12 h 共同表达的差异表达 miRNAs

miRNAs	0 h	3 h	6 h	12 h	$\log_2$（差异倍数）	P	上/下调	显著水平
novel - miR - 124	89.00	172.00	165.50	212.50	0.94	0.029	上	*
novel - miR - 125	77.00	203.00	230.50	487.00	1.71	1.94E - 05	上	* *
osa - miR2118b	326.00	626.00	574.00	716.00	0.84	0.021	上	*
osa - miR444f	24.50	107.00	84.00	59.00	1.63	0.018	上	*
novel - miR - 7	1 009.00	615.50	614.50	667.00	−0.81	0.021	下	*
novel - miR - 69	1 369.00	653.50	272.00	298.00	−1.99	2.45E - 13	下	* *
novel - miR - 70	49.00	24.50	24.00	27.00	−1.12	0.027	下	*
novel - miR - 85	1 376.50	666.00	275.50	301.50	−1.98	4.32E - 13	下	* *
novel - miR - 106	160.00	84.50	71.00	52.00	−1.36	1.54E - 06	下	* *

（续）

miRNAs	0 h	3 h	6 h	12 h	$\log_2$（差异倍数）	P	上/下调	显著水平
osa-miR166b-5p	452.00	224.00	205.50	174.50	−1.27	0.003	下	**
osa-miR166j-5p	687.50	266.00	188.00	169.50	−1.85	5.70E-05	下	**
osa-miR166 k-5p	99.00	40.50	36.00	28.50	−1.63	3.09E-06	下	**
osa-miR171e-5p	177.50	89.50	103.50	110.00	−0.94	0.016	下	*
osa-miR1 850.1	33.00	5.50	5.00	1.50	−3.22	3.93E-04	下	**
osa-miR2 275c	492.50	86.00	58.00	72.00	−2.95	1.95E-09	下	**
osa-miR2 871a-5p	51.00	18.00	23.50	18.00	−1.45	0.008	下	**
osa-miR5 073	27.00	2.00	3.00	2.00	−3.50	3.07E-05	下	**
osa-miR528-5p	3 170.00	1 289.50	485.50	1 355.50	−1.83	2.29E-05	下	**
osa-miR6 250	28.00	6.00	9.50	2.00	−2.61	0.021	下	*
osa-miR815b	141.00	70.50	77.50	93.00	−0.92	0.024	下	*

通过对两个不同水稻品种高温处理下差异表达 miRNAs 的筛选，9311 品种中共获得 25 个上、下调差异表达 miRNAs（图 2.17A、B），而 N22 品种中共获得 20 个上、下调差异表达 miRNAs（图 2.17C、D）。参考 $\log_2$（差异倍数）值作图，比较上调差异表达 miRNA 中已知 miRNAs 和新 miRNAs 的 | $\log_2$（差异倍数）| 平均值，结果表明（图 2.17E、F），已知上调miRNAs的 | $\log_2$（差异倍数）| 平均值为 2.09，显著高于新 miRNAs（1.85）。比较下调差异表达 miRNAs 中已知 miRNAs 和新 miRNAs 的 | $\log_2$（差异倍数）| 平均值，由图 2.17E、F 可知，已知 miRNAs 的 | $\log_2$（差异倍数）| 平均值为 1.99，显著高于新 miRNAs（1.66）。

2.3.4　高温胁迫下两个水稻品种中靶基因的预测和 GO 分析

以 9311 品种样本文库为对照组，将其与 N22 品种样本文库进行比较，对获得的 165 个差异表达 miRNAs 的靶基因进行预测，总共筛选出 3 506 个靶基因，其中 novel-miR-10 的靶基因数最多，即 1 737 个，其他 2 个 miRNAs 靶基因数超过 100 个，靶基因数量在 10～100 之间的差异表达 miRNAs 为 52 个。这些靶基因主要为假定蛋白（hypothetical protein），含锌指（zinc finger）结构的蛋白（主要包括 B-BOX，C_2H_2，CCH，GATA 等），抗病蛋白（disease resistance protein），细胞色素 P450 家族蛋白（cytochrome P450 family protein），糖基转移酶（glycosyl transferase），含蛋白激酶结构域的蛋白（protein kinase domain containing protein），含 DUF 结构的未知功能蛋白，以

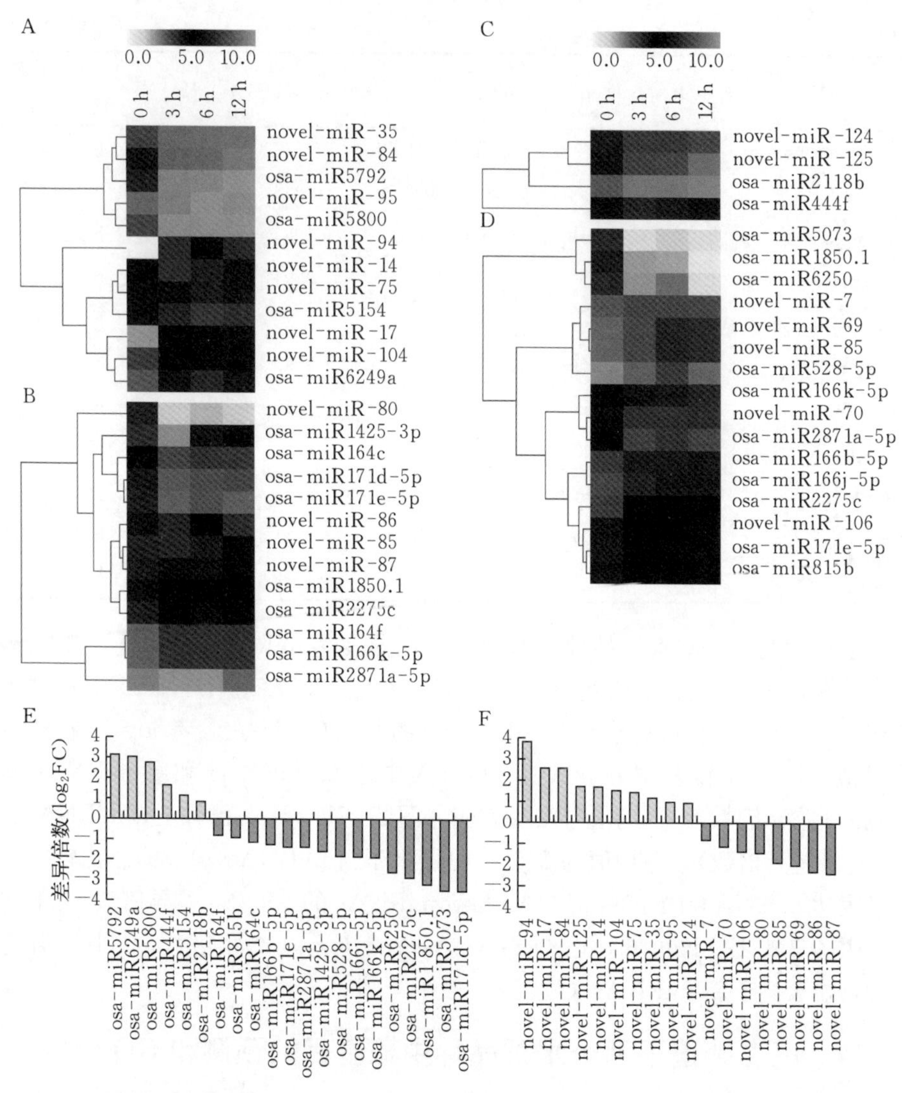

以 0 h 为对照，高温胁迫 3 h、6 h、12 h 与其比较，A、B 分别表示水稻 9311 上、下调差异表达 miRNAs；C、D 分别表示水稻 N22 上、下调差异表达 miRNAs；E、F 分别表示已知（以“osa -”开头命名）、新（以“novel -”开头命名）差异表达 miRNAs 差异倍数值，正值表示上调的差异表达 miRNAs，负值表示下调的差异表达 miRNAs

图 2.17　高温胁迫下水稻 9311 和 N22 差异表达 miRNAs 的表达谱及差异倍数值

及转录因子（如 MYB、WRKY、GRAS、bZIP、MAD、NAC 等）；还有一些 HSP20、HSP40、HSP70、HSP90 等重要的热激蛋白，VQ 蛋白（VQ domain containing protein），MAP 激酶（MAP kinase）和 Di19 家族蛋白（drought induced 19 family protein）等。

对差异表达miRNAs的3 506个靶基因进行GO分析，由图2.18A可知，这些靶基因富集于1 528个条目，其中有24个显著条目。生物学过程方面，2 081个靶基因富集于10个显著条目，主要为转录调控（GO:0006355，GO:0006351）、苯丙素代谢过程（GO:0009698）、木质素分解代谢过程（GO:0046274）和发育过程（GO:0032502）等；细胞组分方面，2196个靶基因富集于4个显著条目，主要为细胞核（GO:0005634）、SCF泛素连接酶复合物（GO:0019005）和过氧化物酶体（GO:0005777）组分等；分子功能方面，2 540个靶基因富集于10个显著条目，主要为ATP结合（GO:0005524）、DNA结合（GO:0003677）、金属离子结合（GO:0046872）和转录因子活性（GO:0003700）分子功能等。

2.3.5　高温胁迫下两个水稻品种中靶基因的KEGG通路及调控网络分析

对差异表达miRNAs的3 506个靶基因进行GO分析，由图2.18B可知，有887个靶基因富集于3条显著通路，其中最显著的是苯丙氨酸代谢（phenylalanine metabolism）通路；其次是泛醌和其他萜类醌的生物合成（ubiquinone and other terpenoid - quinone biosynthesis）通路。以苯丙氨酸代谢通路的miRNAs及其靶基因为基点，通过STRING数据库的蛋白互作分析（图2.18C）发现，该通路中共有10个靶基因（1.13%）具有互作关系，它们受4个差异表达的miRNAs调控。此调控网络含有14个结点、24个互作关系，相互作用值最高的miRNAs是novel - miR - 10，其调控7个靶基因；相互作用值最高的靶基因是咖啡酰辅酶A - O -甲基转移酶1（*COA1*）、苯丙氨酸解氨酶（*OsJ _ 19054*）基因，这些基因可能在植物苯丙烷类物质激活和苯丙氨酸代谢通路调控中扮演重要角色。

2.3.6　高温胁迫下9311中靶基因的GO分析

以高温处理0 h为对照组，其他高温处理时间样本文库与其比较进行GO分析，当3 h VS 0 h时，由图2.19A可知，769个靶基因富集于11个显著条目。生物学过程中240个靶基因富集于4个显著条目，主要为转录调控（regulation of transcription）、木质素分解代谢过程（lignin catabolic process）等；细胞组分中240个靶基因富集于2个显著条目，即CCAAT -结合因子复合物（CCAAT - binding factor complex）和质外体组分（apoplast）；分子功能中286个靶基因富集于5个显著条目，主要为DNA结合（DNA binding）、铜离子结合（copper ion binding）和氧化还原酶活性（oxygen oxidoreductase activity）等。当6 h VS 0 h时，由图2.19B可知，438个靶基因富集于5个显著条目。生物学过程中141个靶基因有3个显著条目，即生长素激活信号通路

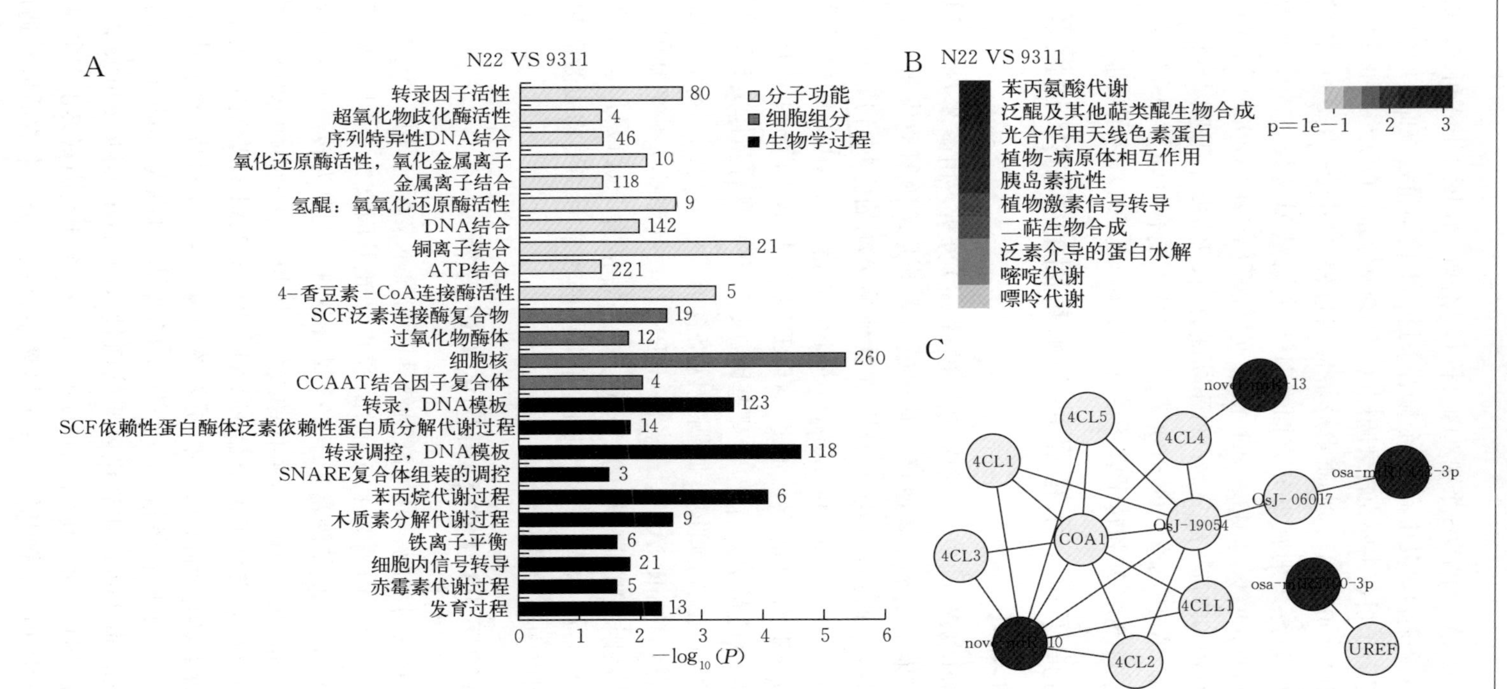

A表示N22 VS 9311中差异表达miRNAs靶基因的GO注释，横坐标表示$-\log_{10}(P)$值，阿拉伯数字表示 gene count 值；B表示N22 VS 9311中差异表达miRNAs靶基因的KEGG分析；C表示植物激素信号转导中差异表达miRNAs及其靶基因的网络调控

图2.18 高温胁迫下差异表达miRNAs的靶基因功能分析

(auxin - activated signaling pathway)、转录调控 (regulation of transcription)、DNA 模板、(DNA - templated)、RNA 聚合酶Ⅱ C 末端结构域去磷酸化 (dephosphorylation of RNA polymerase Ⅱ C - terminal domain)；细胞组分中 130 个靶基因有 1 个显著条目，即 DNA 定向的 RNA 聚合酶Ⅱ (DNA - directed RNA polymerase Ⅱ)；分子功能中 120 个靶基因中有 1 个显著条目，即 CTD 磷酸酶活性 (CTD phosphatase activity)。当 12 h VS 0 h 时，由图 2.19C 可知，704 个靶基因富集于 9 个显著条目。生物学过程中 412 个靶基因有 6 个显著条目，主要为转录调控 (regulation of transcription)、脱水响应 (response to water deprivation) 等；细胞组分中 388 个靶基因有 1 个显著条目，即细胞核 (nucleus)；分子功能中 438 个靶基因有 2 个显著条目，即 DNA 结合 (DNA binding)、磷酸化转移元件激酶活性 (phosphorelay sensor kinase activity)。对高温胁迫 3 h、6 h 和 12 h 共同上、下调差异表达 miRNAs 的靶基因进行 GO 分析，结果表明 (图 2.19D)，393 个靶基因富集于 4 个显著条目。生物学过程中 127 个靶基因有 2 个显著条目，主要为盐胁迫响应 (response to salt stress) 等；细胞组分中 131 个靶基因有 2 个显著条目，即细胞膜组分 (integral component of membrane) 和细胞质 (cytosol)；分子功能中 135 个靶基因有 1 个显著条目，即转移酶活性 (transferase activity) 等。

2.3.7　高温胁迫下 9311 中靶基因的 KEGG 通路及调控网络分析

对 9311 品种样本中获得的 2 304 个靶基因进行 KEGG 分析，由图 2.20 发现，共有 176 个靶基因富集于 35 条显著通路，其中代谢通路的靶基因最多，共有 27 个，占 15.34%，其次为次生代谢产物的生物合成 (biosynthesis of secondary metabolites)、植物激素信号转导 (plant hormone signal transduction)、抗生素的生物合成 (biosynthesis of antibiotics) 等。以代谢通路为研究对象，在 STRING 数据库中发现 18 个靶基因存在互作关系，它们受 10 个差异表达 miRNAs 调控，由图 2.21 可知，该调控网络中含 28 个结点、42 个互作关系，其中相互作用值最高的 miRNA 是 osa - miR6249a，调控 4 个靶基因；相互作用值最高的靶基因是黄素单加氧酶 (OsJ - 13624)、乙醛脱氢酶酶 (Os02g0646500) 和类胡萝卜素裂解双加氧酶 (NCED1、NCED4) 等，这些基因可能在构建代谢通路调控网络中起着重要作用。

2.3.8　高温胁迫下 N22 中靶基因的 GO 分析

以高温处理 0 h 为对照组，其他高温处理时间样本文库与其比较进行 GO 分析，当 3 h VS 0 h 时，由图 2.22A 所示，780 个靶基因富集于 12 个显著条目。生物学过程中 330 个靶基因有 5 个显著条目，主要为角质生物合成过程

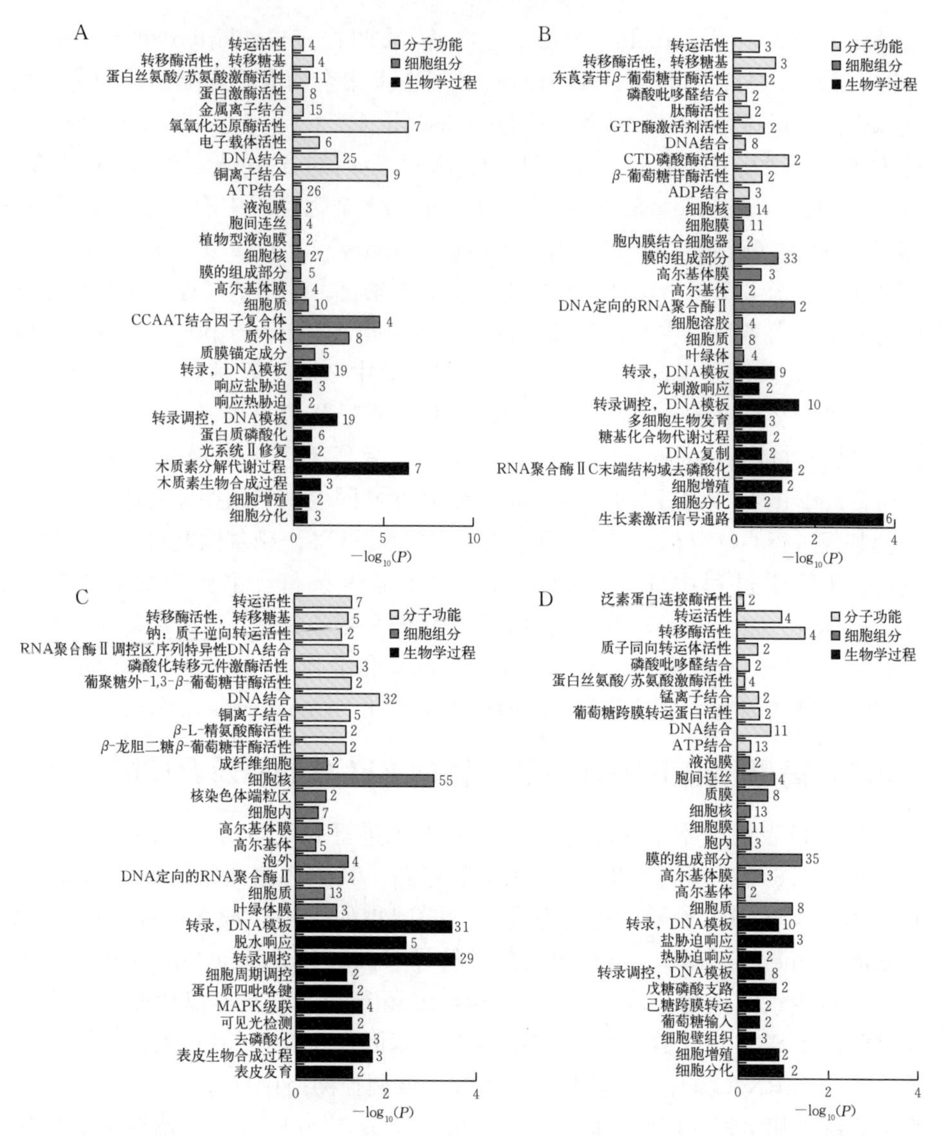

A、B、C 分别表示 3 h VS 0 h、6 h VS 0 h、12 h VS 0 h 下差异表达 miRNAs 靶基因的 GO 注释；D 表示高温胁迫 3 h、6 h 和 12 h 共同上、下调差异表达 miRNAs 的靶基因 GO 分析。图中横坐标表示 $-\log_{10}$（P）值，阿拉伯数字表示 gene count 值

图 2.19　9311 差异表达 miRNAs 靶基因的 GO 分析

（cutin biosynthetic process）、去磷酸化（dephosphorylation）、MAPK 级联（MAPK cascade）等；细胞组分中 358 个靶基因有 1 个显著条目，即高尔基体腔膜（golgi cisterna membrane）；分子功能类中 399 个靶基因有 6 个显著条目，主要为 ADP 结合（ADP binding）、铜离子结合（copper ion binding）和

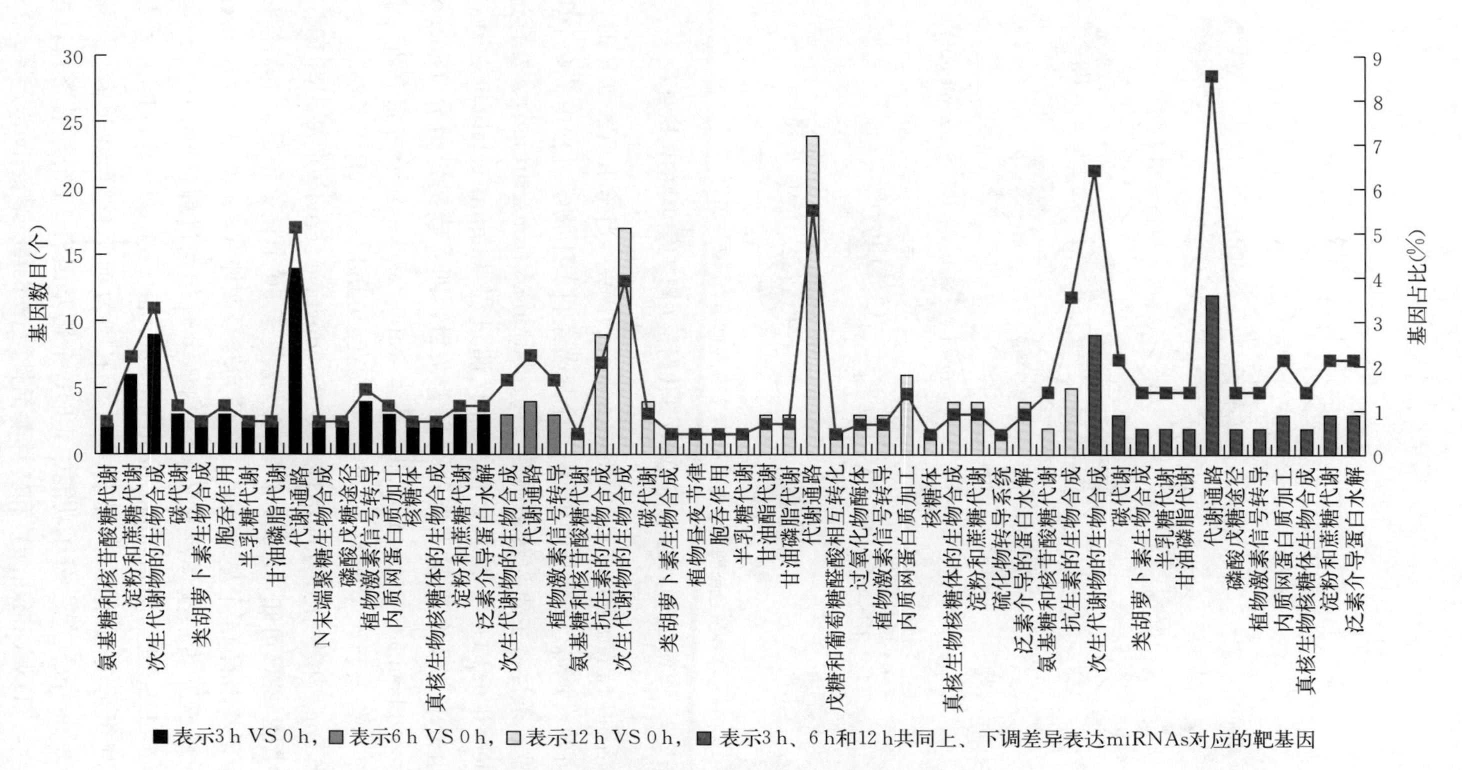

图2.20　9311差异表达miRNAs对应靶基因的KEGG通路分析

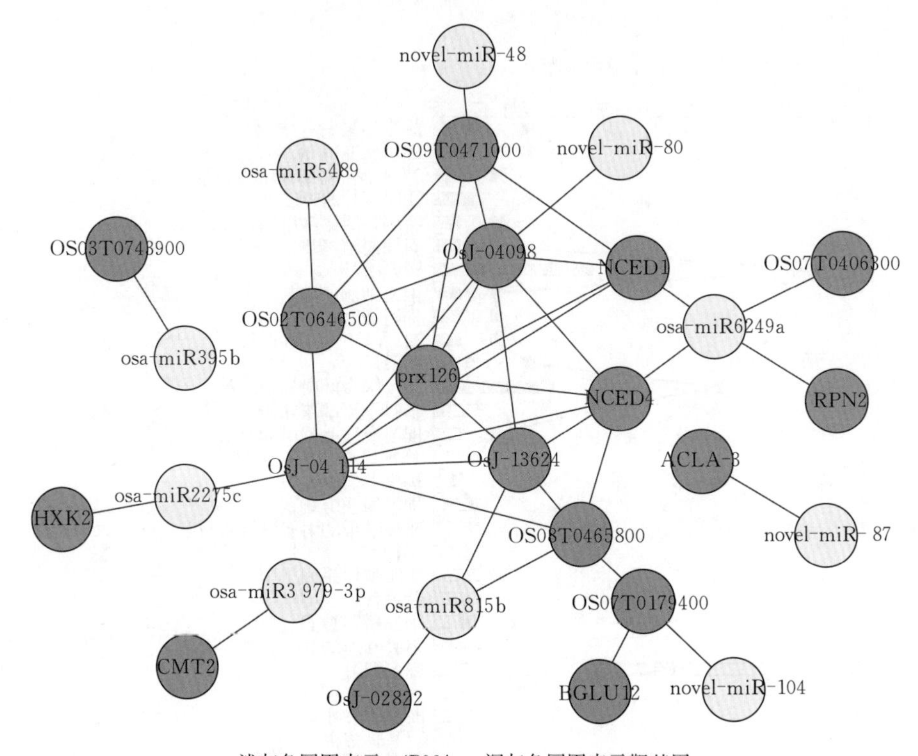

浅灰色圆圈表示 miRNAs，深灰色圆圈表示靶基因

图 2.21　9311 差异表达 miRNAs 及其代谢相关靶基因构建的调控网络

金属肽酶活性（metalloendopeptidase activity）等。当 6 h VS 0 h 时，由图 2.22B可知，1 882 个靶基因中有 14 个显著条目。生物学过程中 779 个靶基因有 6 个显著条目，主要为转录调控（regulation of transcription）、发育过程（developmental process）和木聚糖分解代谢过程（lignin catabolic process）等；细胞组分中 822 个靶基因有 2 个显著条目，即质膜锚定组分（anchored component of plasma membrane）和质外体（apoplast）；分子功能中 901 个靶基因有 6 个显著条目，主要为 ADP 结合（ADP binding）、铜离子结合（copper ion binding）和氧化还原酶活性（oxidoreductase activity）等。当 12 h VS 0 h 时，由图 2.22C 可知，3 659 个靶基因富集于 30 个显著条目。生物学过程中 1 340 个靶基因有 14 个显著条目，主要为转录调控（regulation of transcription）和依赖 SCF 蛋白酶体泛素依赖蛋白质分解代谢过程（SCF - dependent proteasomal ubiquitin - dependent protein catabolic process）等；1 497 个靶基因中在细胞组分方面有 3 个显著条目，主要为细胞核（nucleus）和质膜（plasma membrane）等；分子功能中 1 610 个靶基因有 13 个显著条目，主要为 DNA 结合（DNA binding）和转移酶活性（transferase activity）等。

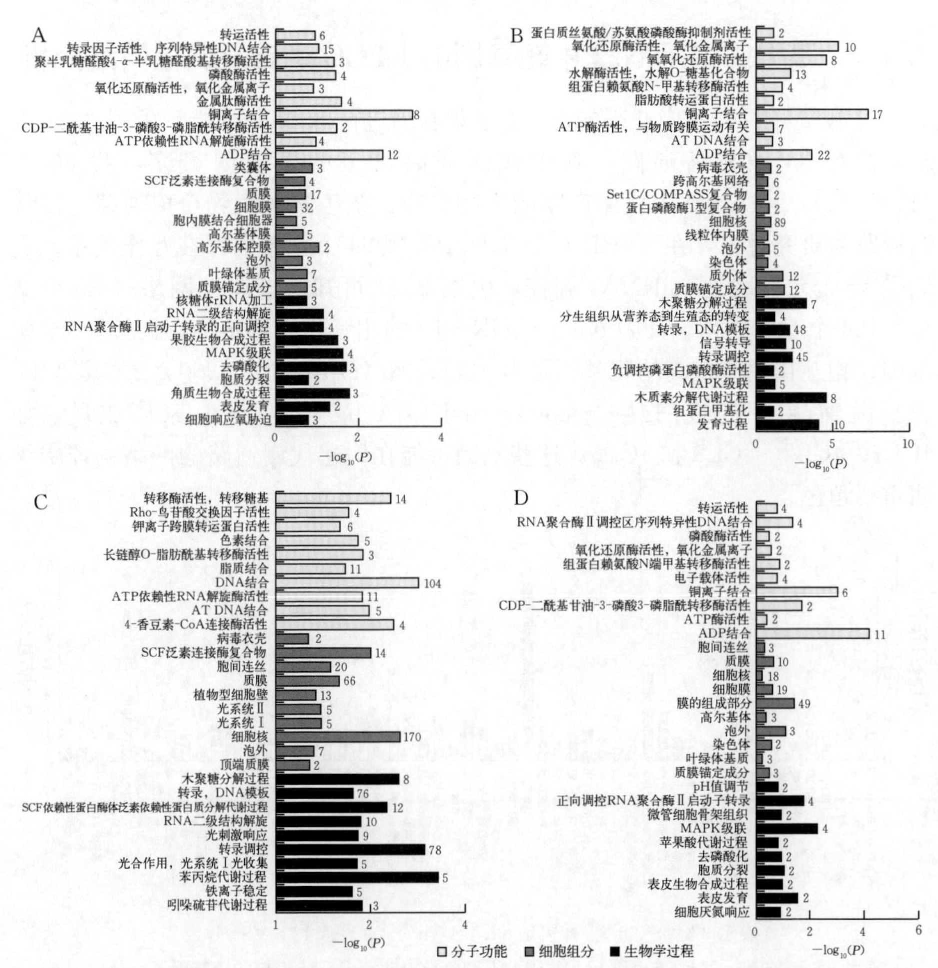

A、B、C 分别表示 3 h VS 0 h、6 h VS 0 h、12 h VS 0 h 差异表达 miRNAs 靶基因的 GO 注释；D 表示高温胁迫 3 h、6 h 和 12 h 共同上、下调差异表达 miRNAs 的靶基因的 GO 分析；横坐标表示－log（P）值，阿拉伯数字表示 gene count 值

图 2.22　N22 高温胁迫差异表达 miRNAs 靶基因的 GO 分析

对高温胁迫 3 h、6 h 和 12 h 共同上、下调差异表达 miRNAs 的靶基因进行 GO 分析，结果表明（图 2.22D），400 个靶基因有 9 个显著条目，其中生物学过程中 182 个靶基因有 3 个显著条目，主要为 MAPK 级联（MAPK cascade）、正向调控 RNA 聚合酶Ⅱ启动子转录（positive regulation of transcription from RNA polymerase Ⅱ promoter）等；细胞组分中 198 个靶基因有 2 个显著条目，即膜的组成部分（integral component of membrane）和泡外（exocyst）；分子功能中 212 个靶基因有 4 个显著条目，主要为 ADP 结合（ADP binding）、铜离子结合（copper ion binding）等。

2.3.9 高温胁迫下 N22 中靶基因的 KEGG 通路及调控网络分析

对 N22 品种样本中获得的 6 721 个靶基因进行 KEGG 分析，由图 2.23 发现，共有 83 条显著通路，其中代谢通路富集的靶基因最多，共 80 个（12.52%），其次为次生代谢产物的生物合成、抗生素的生物合成通路。以代谢通路为研究对象，在 STRING 数据库中发现 64 个靶基因存在互作关系，它们受 16 个差异表达 miRNAs 调控，由图 2.24 可知，该调控网络含 80 个结点、164 个互作关系。其中 novel－miR－10 的相互作用值最高，调控 42 个靶基因；相互作用值最高的靶基因是丙酮酸激酶（*Os10g0 571 200*），尤其是 4－香豆酰辅酶 A 连接酶（4－coumarinyl CoA ligase，4CL）家族成员，如 4CL1、4CL2、4CL3 和 4CL5，这些基因可能在构建代谢通路的网络调控中扮演重要角色。

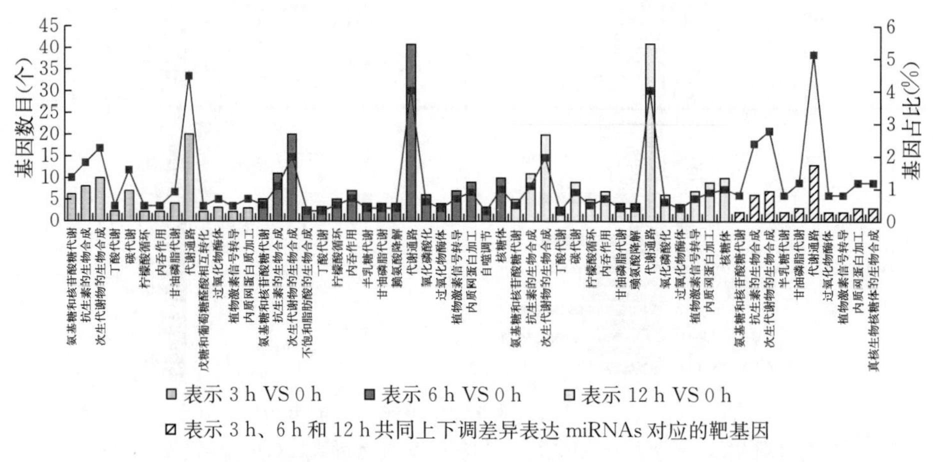

图 2.23 N22 差异表达 miRNAs 对应靶基因的 KEGG 通路分析

2.3.10 高温胁迫下两个水稻品种中差异表达 miRNAs 及其靶基因的表达验证

为了分析 9311、N22 水稻品种中差异表达 miRNAs 及其靶基因在不同胁迫时间的转录表达水平，明确 miRNAs 及其靶基因的调控关系，本研究从图 2.24中选择 10 个关键差异表达 miRNAs 及其靶基因，并利用 qRT－PCR 技术对其进行表达验证。结果表明（图 2.25），*miR156f－5p*、*miR164c*、*miR166k－5p*、*miR397b*、*miR398b*、*miR399d*、*miR408－3p*、*miR528－5p*、*miR5496* 和 *novel－miR－15* 的表达在高温胁迫 3 h、6 h、12 h 下呈现波动变化趋势。高温胁迫 3 h时，*miR398b* 和 *miR528－5p* 的表达水平最高，随着胁

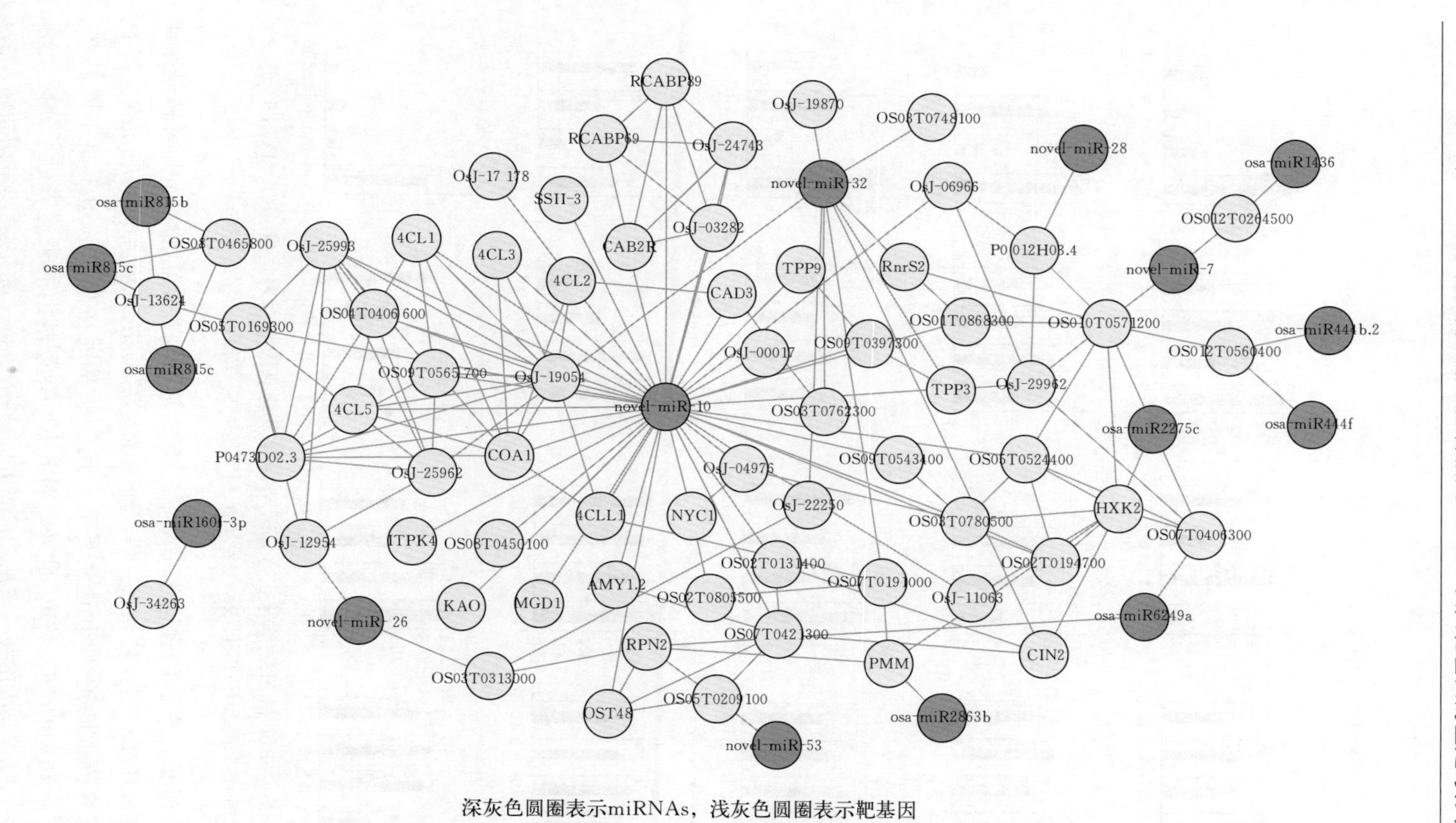

深灰色圆圈表示miRNAs，浅灰色圆圈表示靶基因

图2.24　N22差异表达miRNAs及其靶基因在代谢通路中的调控网络

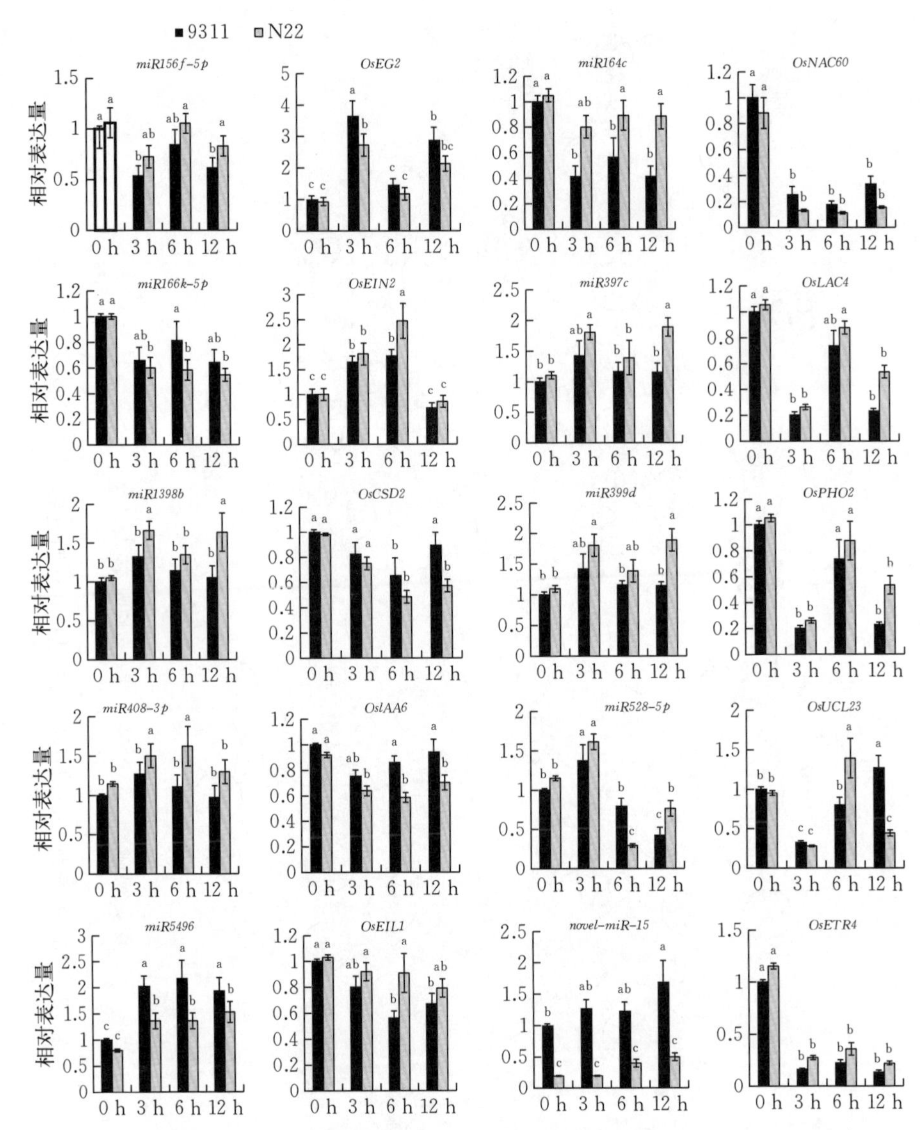

图 2.25 9311 和 N22 差异表达 miRNAs 及其靶基因相对表达量 qRT-PCR 验证

注：柱状图上不同字母表示差异显著（$P \leqslant 0.05$），数值为平均值（Means）±SE。

迫时间的延长，它们的表达水平降低；有些基因则在高温胁迫 6 h 时转录水平最高，如 *miR408-3p* 和 *miR5496*，而 *miR397b*、*miR399d* 和 *novel-miR-15* 的表达水平在高温胁迫 12 h 达到最高；还有些基因在高温胁迫下呈下降趋势，如 *miR164c* 和 *miR166k-5p*。此外，对 miRNAs 靶基因的表达进行了分析发现，*miR156f-5p*、*miR166k-5p*、*miR397b*、*miR398b*、*miR399d*、*miR408-3p*、 *miR528-5p*、*miR5496* 和 *novel-miR-15* 对靶基因呈负调控关系，*miR164c* 对靶基因呈正调控关系，此结果与高通量测序结果基本一致，为后续miRNAs及其靶基因的生物学功能研究奠定了基础。

2.4　讨论

2.4.1　小RNA测序序列质量分析

通过对9311和N22品种进行高温处理，构建小RNA文库，并通过测序、序列质量分析发现，本研究高通量测序序列覆盖范围比较广，小RNA序列质量好，因此，整体上测序数据能够满足试验要求。此外，还分析了miRNA序列长度，结果与miRNA特征相符合，与之前有关报道一致[16-18]。每条染色体上的miRNA分布存在差异，这说明miRNA的分布具有偏好性，可能出现成簇现象[19]。

2.4.2　水稻高温胁迫应答相关miRNAs的筛选及表达特征

对高通量测序基因的表达情况进行分析发现，9311品种样本在高温处理3 h、6 h、12 h共同表达的差异miRNAs为36个，而N22品种为23个。杨树中被鉴定发现29个新miRNAs和30个响应低温胁迫的miRNAs，其中9个miRNAs受低温诱导上调表达，21个miRNAs受低温抑制下调表达[20]。通过构建水稻干旱胁迫、盐胁迫、ABA胁迫、低温胁迫以及对照组5个sRNA文库发现，大量不同逆境诱导下特异表达和差异表达的miRNAs[21]。事实上，植物中miRNA家族成员的表达存在一些不同[11]，在已知miRNAs中，一般保守的miRNAs家族成员具有较高的表达水平，且miRNAs家族成员数量也相对较多，例如miR159、miR166和miR396在许多植物中的表达水平相对较高[22-24]。在对9311和N22品种研究中，osa-miR159、osa-miR166、osa-miR167和osa-miR396高温胁迫下的基因表达水平最高（图2-9A、B），这可能与这些miRNAs是保守miRNA家族成员有关。据报道，高度保守的miR159可以通过调控MYB转录因子表达来影响植物的生长和种子形状等特性[25]。相反，一些非保守miRNAs，如miR1868、miR3979、miR530、miR5504和miR6249等表达丰度较低，家族成员较少，可能是这些miRNAs在其他植物中不存在，没有同源基因，其功能也尚未清楚[26]。

同一miRNA家族的不同成员，其表达丰度也可能存在差异。通过对9311和N22品种差异表达的miRNAs进行分析，共获得165个差异表达miRNAs，其中95个上调表达，70个下调表达。已有研究表明，miR156主要调控植物的开花时间[4,27]、幼苗和叶的生长发育[28-29]、营养阶段性转变[30]，本研究

osa-miR156家族成员中，osa-miR156f-5p 表达丰度最高，其次是 osa-miR156e、osa-miR156g-5p，最低的是 osa-miR156c-3p。据报道，miR156 家族的 miR156a、miR156f、miR156g 和 miR156h 在植物中被证实分别参与拟南芥、水稻和小麦等植物高温胁迫的调控[30-32]，柳枝稷（*Panicum virgatum*）、大麦（*Hordeum vulgare*）中 miR164、miR166 和 miR167 参与了高温胁迫调控网络[33-34]，miR396、miR397、miR398、miR399 和 miR408 被确定分别与植物向日葵（*Helianthus annuus*）[35]、木薯（*Manihot esculenta*）[36]、拟南芥[28]、水稻[31]、小麦[32]高温胁迫相关。也有研究发现，不同 miRNAs 家族参与应答高温下棉花花药发育过程，其中有 7 个 miRNAs 成员的表达丰度占总 miRNAs 表达丰度 10%以上，并对这些 miRNAs 的靶基因具有正、负调控作用[37]。此外，9311 和 N22 品种差异表达 miRNAs 中含有许多保守 miRNAs 家族成员，例如 miR156 家族中的 miR156c、miR156e、miR156f、miR156j，miR156l、miR164c、miR166 家族中的 miR166c 和 miR166i，miR167 家族中的 miR167d、miR167e、miR167h 和 miR167i，miR2118 家族中的 miR2118o 和 miR2118q，miR396 家族中的 miR396d、miR396e 和 miR396f，miR397 家族中的 miR397a 和 miR397b，miR398 家族中的 miR398b，miR399 家族中的 miR399b、miR399d、miR399e、miR399h、miR399i 和 miR399j，以上 miRNAs 表达差异都达到了极显著水平，由此推测，这些保守的 miRNAs 可能参与了水稻高温胁迫的调控。

2.4.3 靶基因的鉴定及其功能分析

以高温胁迫下 9311 品种为对照组，N22 品种样本文库与其比较，对差异表达 miRNAs 的靶基因进行预测，共获得靶基因 3 506 个，这些靶基因所注释的功能很多，包括 MYB、bZIP 和 NAC 等转录因子，还有一些含锌指结构的蛋白，如 B-BOX、C2H2 和 RING 蛋白，以及热激蛋白（HSPs）等；此外，还有一些抗病蛋白、糖基转移酶、MAP 激酶和钙调素结合蛋白等。已有研究发现，植物 miRNAs 通过调控其靶基因应答高温胁迫，拟南芥 miR398 受高温诱导表达上调，而其靶基因 *CSD1*、*CSD2* 和 *CCS* 的表达下调，进而参与高温胁迫响应[38]。低温能影响 miR319c 表达，miR160 的靶基因能响应生长素的诱导，在拟南芥、水稻和玉米中，其主要通过负调控转录因子 ARF 来影响其生理过程[39-40]。miR164 能够通过调控 NAC1、CUC1 和 CUC2 转录因子家族成员的表达来增强植物抵御低温的能力[41]。本研究中 osa-miR398b、osa-miR408-3p 和 osa-miR528-5p 在高温胁迫下均上调表达，靶基因 *CSD2*（*Os07g0665200*）、*UCL30*（*Os08g0482700*）和 *UCL23*（*Os08g0137400*）均下调表达；osa-miR156f-5p、osa-miR164c、osa-miR1850.1 和 novel-miR-

271对靶基因*SPL2*（*Os01g0922600*）、*NAC104*（*Os08g0200600*）、*HSP20*（*Os02g0711300*）和*HSP74.8*（*Os09g0474300*）呈负调控关系（图2.25），而部分miRNAs及其靶基因呈正调控关系，如9311品种中osa-miR397b及其靶基因*LAC4*（*Os01g0842400*）均上调表达，而在N22中均下调表达（图2.25），由此推测，miRNAs及其靶基因可能参与调控水稻耐热性。然而，osa-miR164c、osa-miR399d在高温胁迫下的表达上调，与ath-miR164a，b[42]及osa-miR399a-c[31]的下调表达不一致，这可能是由于不同物种、不同发育时期的miRNAs存在不同表达模式。

2.5　结论

本章对籼稻9311和粳稻N22孕穗期高温胁迫0 h、3 h、6 h和12 h进行了sRNA高通量测序、生物信息学分析及表达验证，共获得932个miRNAs，包括463个已知miRNAs和469条未知miRNAs（其中125个新miRNAs）；以9311品种样本为对照组，N22品种样本与其比较，共筛选获得165个差异表达miRNAs及3 506个候选靶基因；这些候选靶基因在生物学过程方面主要富集于转录调控、苯丙素代谢、木质素分解代谢和发育过程，在分子功能方面主要富集于ATP结合、DNA结合、金属离子结合和转录因子活性等；差异表达miRNAs及其靶基因参与了苯丙氨酸代谢通路，并主要通过咖啡酰辅酶A-O-甲基转移酶1（*COA1*）、苯丙氨酸解氨酶（*OsJ-19054*）等基因参与水稻苯丙烷类物质激活和苯丙氨酸代谢通路的调控网络。

参考文献

[1] Mizoi J，Yamaguchi-Shinozaki K. Molecular approaches to improve rice abiotic stress tolerance. Methods Molecular Biology，2013，956：269-283.

[2] ChenX. microRNA biogenesis and functionin plants. FEBS Letters，2005，579（26）：5923-5931.

[3] Jung JH，Seo PJ，Park CM. MicroRNA biogenesis and function in higher plants. Plant Biotechnology Reports，2009，3（12）：111-126.

[4] Wu G，ParkMY，Conway SR，et al. The sequentialaction of miR156 and miR172 regulates developmental timing in Arabidopsis. Cell，2009，138（4）：750-759.

[5] Li YF，Zheng Y，Addo-Quaye C，et al. Transcriptome-wide identification of microRNA targets in rice. Plant Journal，2010，62（5）：742-759.

[6] Mangrauthia SK，Bhogireddy S，Agarwal S，et al. Genome-wide changes in microRNA expression during short and prolonged heat stress and recovery in contrasting rice cultivars. Journal of Experimental Botany，2017，68（9）：2399-2412.

[7] Xiao C, Jie H, Ao YT, et al. Development and evaluation of near - isogenic lines for brown planthopper resistance in rice cv. 9311. Scientific Report, 2016, 6: 38159.

[8] Langmead B, Trapnell C, Pop M, et al. Ultrafast and memory - efficient alignment of short DNA sequences to the human genome. Genome biology, 2009, 10 (3): R25.

[9] 王翔宇．黄瓜响应棒孢叶斑病菌侵染的转录组和 microRNAs 解析．沈阳：沈阳农业大学，2018.

[10] Fahlgren N, Howell MD, Kasschau KD, et al. High - throughput sequencing of Arabidopsis microRNAs: evidence for frequentbirth and death of *MIRNA* genes. PLoS One, 2007, 2 (2): e219.

[11] Yu R, Zhu XW, Luo XB, et al. Identificationof novel and salt - responsive miRNAs to explore miRNAmediated regulatory network of salt stress response in radish (*Raphanus sativus* L.). BMC Genomics, 2015, 16 (1): 197.

[12] Jiao XL, Sherman BT, Huang DW, et al. DAVID - WS: a stateful web service to facilitate gene/protein list analysis. Bioinformatics, 2012, 28 (13): 1805 - 1806.

[13] Szklarczyk D, Franceschini A, Wyder S, et al. STRING v10: protein - protein interaction networks, integrated over the tree of life. Nucleic Acids Research, 2015, 43: D447 - D452.

[14] Kohl M, Wiese S, Warscheid B. Cytoscape: software for visualization and analysis of biological networks. Methods in Molecular Biology, 2011, 696: 291 - 303.

[15] Kwak PB, Wang QQ, Qiu CX, et al. Enrichment of a set of microRNAs during the cotton fiber development. BMC Genomics, 2009, 10: 457 - 467.

[16] Xie F, Wang Q, Sun R, et al. Deep sequencing reveals important roles of microRNAs inresponseto drought and salinity stress in cotton. Journal of Experimental Botany, 2015, 66 (3): 789 - 804.

[17] Long JM, Liu Z, Wu XM, et al. Genome - scale mRNA and small RNA transcriptomic insights into initiation of citrus apomixis. Journal of Experimental Botany, 2016, 67 (19): 5743 - 5756.

[18] Wang L, Du H, Wuyun TN. Genome - Wide identification of microRNAs and their targets in the leaves and fruits of Eucommia ulmoides using high - throughput sequencing. Frontiers in Plant Science, 2016, 7: 1632.

[19] Axtell MJ, Westholm JO, Lai EC. Vive la différence: biogenesis and evolution of microRNAs in plants and animals. Genome Biology, 2011, 12 (4): 1 - 13.

[20] Chen L, Zhang Y, RenY, et al. Genome - wide identification of cold - responsive and new microRNAs in Populus tomentosa by high - throughput sequencing. Biochemistry Biophysic Research Communications, 2012, 417 (2): 892 - 896.

[21] Jian XY, Zhang L, Li GL, et al. Identification of novel stress - regulated microRNAs from *Oryza sativa* L. Genomics, 2010, 95 (1): 47 - 55.

[22] Baksa I, Nagy T, Barta E, et al. Identificationof Nicotiana benthamiana microRNAs

and their targets using high throughput sequencing and degradome analysis. BMC Genomics, 2015, 16: 1025.

[23] Dan M, Huang M, Liao F, et al. Identification of ethylene responsive miRNAs and their targets fromnewly harvested banana fruits using high - throughput sequencing. Journal of Agricultural and Food Chemistry, 2018, 66 (40): 10628 - 10639.

[24] Zhou L, Quan S, Xu H, et al. Identification and Expression of miRNAs related to female flower induction in Walnut (*Juglans regia* L.) . Molecules, 2018, 23 (5): 1202.

[25] Palatnik J, Wollmann H, Schommer C, et al. Sequence and expression differences underlie functional specializationof Arabidopsis microRNAs miR159 and miR319. Develemental Cell, 2007, 13: 115 - 125.

[26] Liu N, Yang J, Guo S, et al. Genome - wide identification and comparative analysis of conserved and novel microRNAs in grafted watermelon by high - throughput sequencing. PloS One, 2013, 8 (2): e57359.

[27] Reyes JL, Chua NH. ABA induction of miR159 controlstran script levels of two MYB factors during Arabidopsis seed germination. Plant Journal, 2007, 49 (4): 592 - 606.

[28] Stief A, Altmann S, Hoffmann K, et al. Arabidopsis miR156 regulates tolerance to recurring environmental stress through SPL transcription factors. Plant Cell, 2014, 26 (4): 1792 - 807.

[29] Zhou R, Wang Q, Jiang F, et al. Identification of miRNAs andtheir targets in wild tomato at moderately and acutely elevatedtemperatures by high - throughput sequencing and degradome analysis. Scientific Report, 2016, 6: 33777.

[30] Kim JJ, Lee JH, KimW, et al. The *miR156 - SPL3* module regulates ambient temperature - responsive flowering via *FT* in *Arabidopsis thaliana*. Plant Physiology, 2012, 159 (1): 461 - 478.

[31] Liu Q, Yang T, Yu TF, et al. Integrating small RNA sequencingwith QTL mapping for identification of miRNAs and their targetgenes associated with heat tolerance at the flowering stage inrice. Frontiersin Plant Science, 2017, 8: 43.

[32] Xin MM, Wang Y, Yao YY, et al. Diverse set of microRNAs areresponsive to powdery mildew infection and heat stress in wheat (*Triticum aestivum* L.) . BMC Plant Biology, 2010, 10: 123.

[33] Hivrale V, Zheng Y, Puli COR, et al. Characterization of drought - and heat - responsive microRNAs in switchgrass. Plant Science, 2016, 242: 214 - 223.

[34] Kruszka K, Pacak A, Swida - Barteczka A, et al. Transcriptionally and post - transcriptionally regulated microRNAs in heat stressresponse in barley. Journal Experimental Botany, 2014, 65 (20): 6123 - 6135.

[35] Giacomelli JI, Weigel D, Chan RL, et al. Role ofrecently evolved miRNA regulation of sunflower HaWRKY6 in response to temperature damage. New Phytologist, 2012, 195

(4): 766 - 773.

[36] Ballén - Taborda C, Plata G, Ayling S, et al. Identification of Cassava MicroRNAs under abiotic stress. International Journal of Genomics, 2013, 5: 1 - 10.

[37] Chen J, Pan A, He SJ, et al. Different MicroRNA Families Involved in Regulating High Temperature Stress Response during Cotton (*Gossypium hirsutum* L.) Anther Development. International Journal of Molecular Sciences, 2020, 21 (4): 1280.

[38] Guan QM, Lu XY, Zeng HT, et al. Heat stress induction of miR398 triggers a regulatory loop that is critical for thermotolerance in Arabidopsis. Plant Journal, 2013, 74 (5): 840 - 851.

[39] Wang JW, Wang LJ, Mao YB, et al. Control of root cap formation by microRNA targeted auxin response factors in Arabidopsis. Plant Cell, 2005, 17 (8): 2204 - 2216.

[40] Liu PP, Montgomery TA, Fahlgren N, et al. Repression of auxin response factor10 by microRNA160 is critical for seed germination and post - germination stages. The Plant Journal, 2007, 52 (1): 133 - 146.

[41] May P, Liao W, Wu YJ, et al. The effects of carbon dioxide and temperature on microRNA expression in Arabidopsis development. Nature Communication, 2013, 4: 2145.

[42] Kim JH, Woo HR, Kim J, et al. Trifurcate feed - forward regulation of age - dependent cell death involving miR164 in Arabidopsis. Science, 2009, 323 (5917): 1053 - 1057.

第3章 水稻 miR398 响应高温胁迫的功能研究

近年来，有关植物 miRNA 的功能研究备受关注，一些研究人员利用外源性抑制或过表达 miRNA 的手段开展相关试验，例如靶标模拟（target mimic，TM）和短串联靶标模拟（short tandem target mimic，STTM）技术应用比较广泛，能够有效地抑制植物内源 miRNA 的活性，大规模地开展 miRNA 功能研究。水稻 miR398a、miR398b 是在第 2 章中通过高通量测序技术获得的应答高温胁迫的差异表达 miRNAs，本章构建 miR398a 过表达载体，通过水稻遗传转化获得阳性转基因水稻株系，并利用本课题组成员前期所获得的短串联靶标 STTM398 突变体株系，开展水稻苗期、孕穗期高温胁迫试验，进行表型观察、基因表达及生理指标等研究，阐明 miR398 及其靶基因应答水稻高温胁迫的调控机制。

3.1 试验材料

3.1.1 试验所需材料

粳稻品种日本晴（*Oryza sativa* L. ssp. *japonica* cv. Nipponbare）用于本试验基因克隆、表达及功能分析。STTM398 突变体株系由本课题组成员美国马里兰大学朱建华博士惠赠。

3.1.2 菌株与质粒

试验中使用的菌株为大肠杆菌菌株 DH5α、农杆菌菌株 EHA105，植物双元表达载体 pBI121 的载体信息见图 3.1。

3.1.3 试剂

载体构建：DNA Ladder Marker（北京天根）、无缝克隆试剂盒（北京擎科）、质粒提取试剂盒（北京天根）、限制性内切酶 Xba Ⅰ（北京天根）、卡那霉素（Kana）、Fast Pfu 高保真酶（北京天根）、琼脂糖凝胶 DNA 回收试剂盒（北京天根）、氨苄青霉素（Amp）（北京天根）。

PCR（含荧光定量 PCR）：DNA Ladder Marker（北京天根）、2×Taq Mix（北京天根）、TRNzol-A^+ 总 RNA 提取试剂（北京天根）、SuperReal-PreMix Color SYBR Green（北京天根）、EDTA、乙醇、FastKing cDNA 第一链合成试剂盒（北京天根）、2×CTAB 缓冲液（北京索莱宝）、焦碳酸二乙酯（DEPC）、液氮、异丙醇、氯仿等化学试剂均为国产分析纯。

组培试剂：植物凝胶、卡那霉素、羧苄青霉素、利福平。

GUS 染色试剂：磷酸二氢钠、二甲基亚砜、磷酸氢二钠、x-GLuc。

北京擎科生物公司完成引物合成和测序工作。

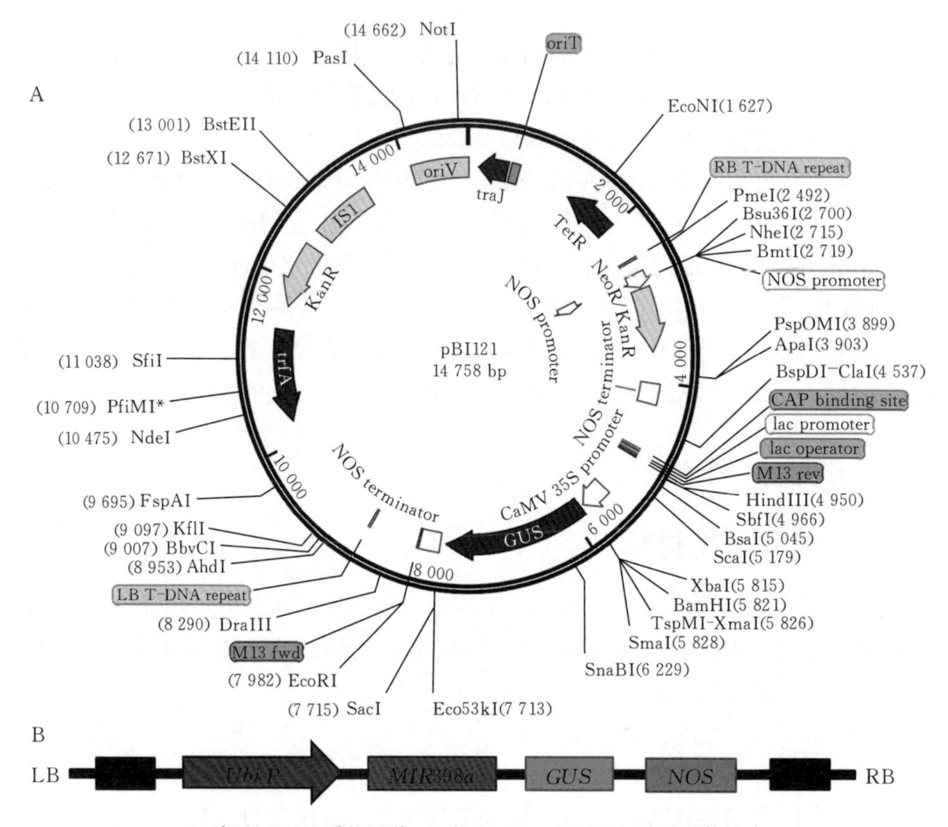

A 表示 pBI121 质粒图谱；B 表示 35S：：MIR398a 表达载体构建

图 3.1 质粒 pBI121 图谱及 35S：：MIR398a 表达载体构建

3.1.4 仪器

不同规格的移液枪、电子天平、电热恒温水浴锅、小型迷你式离心机、小型台式离心机、凝胶成像系统、冷冻离心机、PCR 仪、NanoDrop2000、−80 ℃超低温冰箱、定量 PCR 仪、Li-6400 型便携式光合仪。

3.2　试验方法

3.2.1　水稻 MIR398a 前体过表达载体构建

3.2.1.1　克隆 MIR398a 前体的引物设计

由于 miRNA 的前体序列比较短，通常在构建过表达载体的时候很不方便，为了尽可能接近 miRNA 茎环状前体结构特征，本研究参照miRBase22.1、Rice Genome Browser 和 NCBI 数据库中水稻 MIR398a 前体序列的信息，首先确定水稻 MIR398a 前体序列（115 bp）在转录本中的位置信息，然后再向其 5′端、3′端两个方向分别伸长 268 bp 和 132 bp 左右，最后提取515 bp且含有 MIR398a 前体的序列。针对提取的这段序列进行引物设计，详细信息见表 3.1。通过无缝克隆方法将该片段连接在 pBI121 载体上，构建 35S::MIR398a 植物过表达载体（图 3.1）。

表 3.1　本章 PCR 所用引物信息

基因	引物序列（5′-3′）	用途
MIR398a	上游引物：CAAGGGTTGGCAAGATGTCAAC	载体构建
	下游引物：TCGTATCGGAGGGGAATTTC	
GUS	上游引物：CATGAAGATGCGGACTTGCG	阳性株系检测
	下游引物：TGATGGTATCGGTGTGAGCG	
miR398a	茎环引物：GTCGTATCCAGTGCAGGGTCCGAGGTATTCGCACTGGATACGACAAGGGG	qRT-PCR
	反向引物：CGCGTGTGTTCTCAGGTCA	
OsCDS2	上游引物：GCTGGAGCAGATGGTGTTGC	qRT-PCR
	下游引物：CATGTCCACCCTTGCCAAGAT	
U6	上游引物：CGATAAAATTGGAACGATACAGA	qRT-PCR
	下游引物：ATTTGGACCATTTCTCGATTTGT	
Actin	上游引物：GTGAAGACCCTGACTGGGAAGACC	qRT-PCR
	下游引物：ATACCGCCACGGAGCCTGAG	

3.2.1.2　水稻 DNA 的提取

本研究利用 CTAB 法提取水稻 DNA，具体步骤参考北京索莱宝科技有限公司提供的 2×CTAB 缓冲液相关说明进行操作。

3.2.1.3　MIR398a 前体序列的扩增

以水稻 DNA 为模板进行 PCR 扩增，反应体系为 50 μL，所用试剂如

表3.2所示。

表3.2 MIR398a前体序列的扩增

试剂名称	用量（μL）
5×buffer缓冲液	10.0
dNTPs（2.5 μmol/L）	2.0
上游引物	1.0
下游引物	1.0
DNA模板	2.0
Fast Pfu酶	1.0
无RNA酶双蒸水	33.0

PCR条件：95 ℃预变性2 min，95 ℃变性20 s，55 ℃退火20 s，72 ℃延伸40 s，共30个循环，72 ℃终延伸5 min。

3.2.1.4 目的片段的回收

参考北京天根公司PCR产物回收试剂盒相关说明进行。

3.2.1.5 目的片段的连接、转化与鉴定

目的片段的连接、转化与鉴定基本过程参考骆鹰等[1]对水稻*Cu/Zn-SOD*基因克隆的操作步骤。

3.2.2 重组载体pBI121-MIR398a质粒的提取

挑取PCR鉴定为阳性的重组载体，根据北京天根公司质粒提取试剂盒相关说明进行质粒DNA的抽提。

3.2.3 水稻遗传转化

水稻遗传转化过程主要参考杨双蕾[2]论文方法，以及李娟[3]论文方法进行操作。

3.2.4 OE-MIR398a前体过表达水稻株系检测

3.2.4.1 利用*GUS*基因对过表达转基因植株的筛选

构建含有*GUS*基因的过表达载体，利用PCR扩增转基因与野生型水稻（WT）植株的*GUS*基因。

（1）水稻叶片总DNA的提取 按照上述3.2.1.2中的步骤进行操作，提取获得水稻DNA。

（2）PCR检测*GUS*基因 以水稻DNA为模板，按照表3.3 *GUS*基因扩

增体系进行 PCR 扩增，反应体系为 25 μL。

表 3.3　*GUS* 基因扩增体系

试剂名称	用量（μL）
2×Taq Mix 酶	9.5
上游引物	1.0
下游引物	1.0
DNA 模板	1.0
无 RNA 酶双蒸水	12.5

PCR 反应条件：95 ℃预变性 2 min，95 ℃变性 20 s，60 ℃退火 30 s，72 ℃延伸 40 s，共 33 个循环，72 ℃终延伸 5 min。

3.2.4.2　*GUS* 组织化学染色的检测

经过 *GUS* 基因 PCR 检测后，还需对水稻阳性苗进行 *GUS* 组织化学染色检测，*GUS* 组织染色及操作过程步骤参考李娟[3]论文方法。

3.2.5　OE-MIR398a、STTM398 株系的形态学特征

对水稻结实成熟期 T2 代过表达 OE-MIR398a、STTM398 和野生型水稻株系进行形态观察并拍照。随机测量 10 株水稻的株高、穗长、剑叶长、结实率。同时，对水稻的粒型进行观察，随机测量 100 粒籽粒饱满度良好的水稻种子的粒长、粒宽、粒型长宽比和千粒重，随机抽样测量 3 次。

3.2.6　OE-MIR398a、STTM398 株系基因表达检测

根据北京天根公司 TrizoL 法提取 RNA 的试剂盒说明书，分别提取水稻过表达 OE-MIR398a、STTM398 和野生型株系总 RNA。参照上海生工茎环法 miRNA 第一链 cDNA 合成说明书进行逆转录，并得到 cDNA 第一链。在罗氏 LightCycler480 荧光定量 qRT-PCR 仪上进行 OE-MIR398a、STTM398、野生型植株的相对表达量的检测。

3.2.7　OE-MIR398a、STTM398 株系高温胁迫处理及生理指标检测

3.2.7.1　水稻苗期、孕穗期高温逆境胁迫处理

水稻苗期（两叶一心期）高温处理在湖南省杂交水稻研究中心完成。挑选颗粒饱满、大小一致的阳性 T2 代 OE-MIR398a、STTM398 和野生型株系种

子，分别进行消毒、浸泡、催芽、培养等操作过程，然后进行高温处理，最后将处理的苗进行恢复，整个过程参考骆鹰等[4]与Li[5]等的相关文献进行操作。

水稻孕穗期（第五期）高温处理在湖南农业大学水稻研究所完成。在高温处理前15 d，选择生长发育基本一致的野生型、突变体及转基因植株移栽于红色塑料桶（内径为266 cm，高190 cm）中，每个塑料桶栽一株，共25株。当每株大部分出现打苞，幼穗分化长至2 cm左右时，将这些水稻移入人工气候室（面积为14 m^2）分别进行高温处理，条件为37 ℃（7:00—19:00），30 ℃（19:00至次日7:00）；在高温处理时，人工气候室的相对湿度要维持在75%左右。连续高温处理7 d，然后将水稻植株移到室外自然环境恢复、生长。分别于水稻处理第0 d、1 d上午取幼穗用于测定其相对表达量，每个处理重复3次。此外，待移到室外自然环境恢复、生长的水稻抽穗即将开花时，对试验组和对照组野生型与转基因植株花粉活力进行检测。每次选择5朵良好的水稻颖花，用镊子将花粉挤出，放在干净的载玻片上，将其混合均匀，然后向其中滴加1滴I_2-KI溶液，并且用镊子将花药捣碎，使其中的花粉粒全部释放，混合均匀后盖上盖玻片，在显微镜下观察3个制片，每个制片选择5个观察视野，统计分析花粉活力数。如果被染成蓝色，则花粉粒含有的淀粉较多，如果呈现黄褐色，则花粉粒发育不良，通过花粉染色率判断花粉的育性强弱。

3.2.7.2 高温胁迫下的水稻生理指标检测

分别以高温处理0 h、12 h、24 h、36 h和48 h的野生型、OE-MIR398a和STTM398株系幼苗（两叶一心期）叶片为材料，按照试剂盒说明书进行操作（南京建成科技有限公司）[6]，分别对高温胁迫下水稻相关生理指标SOD等进行测定。

为了检验高温胁迫损伤对野生型、OE-MIR398a和STTM398株系水稻叶片H_2O_2产生情况的影响，参考骆鹰等[4]关于DAB染色方法来判断分析H_2O_2聚集情况。

3.2.8 OE-MIR398a、STTM398株系的光合特性

对水稻孕穗期（第五期）T2代过表达OE-MIR398a、STTM398及野生型株系进行光合特性测定。利用Li-6400型便携式光合测定系统，选择天气晴朗、光照强度比较稳定的天气进行测量，主要测定水稻剑叶的净光合速率（Pn）、气孔导度（Gs）、胞间CO_2浓度（Ci）、蒸腾速率（Tr）等参数，各项指标参考刘晓龙等[7]方法进行操作。

3.3 结果与分析

3.3.1 OE - MIR398a 前体过表达载体的构建及农杆菌转化

选取高温胁迫下水稻 MIR398a 前体系列进行过表达转基因试验。以水稻 DNA 为模板进行 PCR 扩增，获得目的基因片段，如图 3.2A 所示，然后将目的片段回收并纯化。通过克隆技术将目的片段与载体 pBI121 连接，转化大肠杆菌 DH5α。再通过菌落 PCR、酶切（图 3.2C）以及测序鉴定过程，获得 miRNA 过表达载体 pBI121 - MIR398a。再将重组质粒转化到农杆菌 EHA105 中，经菌落 PCR 和电泳检测，最后获得阳性 PCR 产物，产物与预期大小相一致，并发现阴性对照没有出现 PCR 条带（图 3.2A、B）。

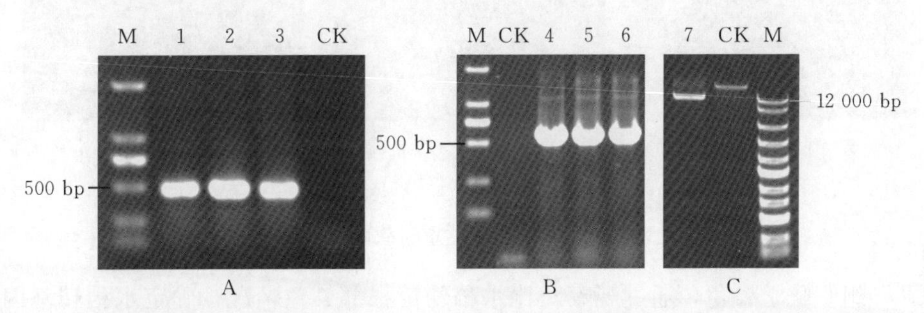

A. MIR398a 前体 PCR 扩增；B. pBI121 - MIR398a 重组载体菌落 PCR 鉴定；C. pBI121 - MIR398a 重组质粒酶切鉴定。M：Mark DL2000；1～3：MIR398a 前体 PCR 扩增产物；4～6：随机挑取 pBI121 - MIR398a 重组载体菌落进行 PCR 扩增检测结果；7：取菌落 PCR 中的 4 菌落提取质粒进行酶切鉴定结果；CK：阴性对照

图 3.2　pBI121 - MIR398a 过表达载体的构建

3.3.2 重组质粒的水稻遗传转化及植株再生

通过水稻遗传转化获得水稻愈伤组织（图 3.3 A），胚性愈伤组织如图 3.3B 所示，抗性愈伤组织如图 3.3C 所示，分化再生小苗如图 3.3D 所示，生根再生小苗如图 3.3E 所示，移栽再生小苗如图 3 - 3F 所示。然后将这些小苗种植在红色塑料桶中，或直接栽于农田进行培育。

3.3.3 OE - MIR398a 前体过表达株系的 *GUS* 检测及组织化学染色分析

将 pBI121 - MIR398a 重组质粒导入日本晴，经培育获得过表达转基因阳性植株。为进一步明确阳性株系，通过 PCR 扩增检测 *GUS*，如图 3.4 A 所示，经过检测后，筛选确定 30 株阳性苗，为进一步排除假阳性，还需进行

A 表示水稻愈伤组织；B 表示胚性愈伤组织；C 表示抗性愈伤组织；D 表示分化培养基上的再生小苗；E 表示生根培养基上的再生小苗；F 表示移入土中的再生小苗

图 3.3 pBI121 - MIR398a 过表达重组载体在水稻中的转化过程

GUS 组织化学染色，通过观察对比水稻幼苗根部染色情况，确定水稻转基因苗共 20 株（图 3.4B）。

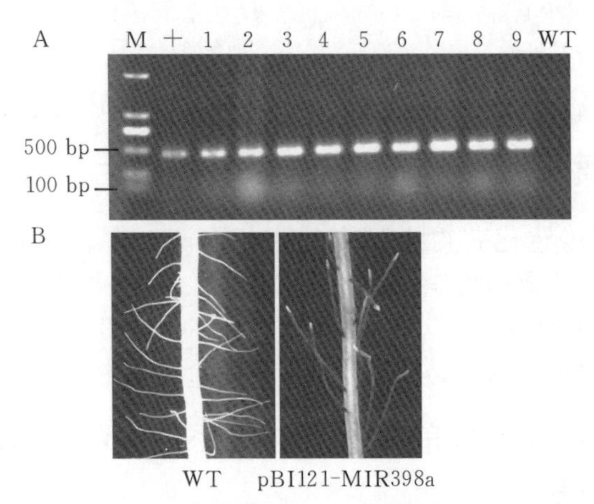

M：DNA Marker 2000；+：阳性对照；WT：野生型植株；1～9：不同株系转基因水稻；pBI121 - MIR398a：阳性转基因植株

图 3.4 转基因水稻 *GUS* 基因的 PCR 检测（A）和组织化学染色（B）

3.3.4　OE - MIR398a、STTM398 株系的形态学特征分析

对水稻结实成熟期的 T2 代过表达 OE - MIR398a、STTM398 和野生型（WT）株型进行观察，测定水稻株高、穗长、剑叶长和结实率。由图 3.5A～F 可知，过表达 OE - MIR398a 转基因植株的株高、穗长和结实率的平均值分别为（81.81±3.95）cm、（19.89±1.32）cm 和（82.02±5.30）%，显著大于野生型株系平均值（74.63±1.18）cm、（18.30±1.47）cm 和（75.04±11.70）%；而过表达 OE - MIR398a 转基因植株的剑叶长平均值为（26.91±3.47）cm，与野生型平均值（27.25±6.76）cm 相比，没有明显变化。STTM398 突变体株系的株高、穗长和结实率平均值分别为（48.00±1.16）cm、（13.56±0.48）cm 和（54.63±10.04）%，均显著低于野生型；但是 STTM398 突变体株系的剑叶长为（26.46±4.36）cm，与野生型比较，没有显著变化。

对结实成熟期的 T2 代过表达 OE - MIR398a、STTM398 和野生型株系的粒型进行观察，并测定其千粒重、粒长、粒宽和粒型长宽比。结果表明，过表达 OE - MIR398a 转基因植株的千粒重、粒长、粒宽和粒型长宽比的平均值分别为（27.45±1.12）g、（7.58±0.10）mm、（3.47±0.05）mm 和 2.18±0.03，与野生型平均值（27.23±1.47）g、（7.63±0.09）mm、（3.44±0.05）mm 和 2.22±0.04 相比，没有显著变化。STTM398 突变体株系的千粒重、粒长和粒宽的平均值分别为（14.75±1.52）g、（6.40±0.07）mm 和（2.93±0.10）mm，均显著低于野生型，而 STTM398 突变体株系的粒型长宽比平均值为 2.19±0.09，与野生型相比较，没有明显变化（图 3.6A～F）。

3.3.5　高温胁迫下 OE - MIR398a、STTM398 株系的表型及表达分析

对水稻苗期（两叶一心）T2 代过表达 OE - MIR398a、STTM398 突变体、野生型植株进行 45 ℃高温胁迫 48 h 处理。经过 7 d 恢复后，结果表明，与高温处理前相比（图 3.7 A），高温胁迫后大部分野生型、突变体和过表达转基因水稻幼苗的整个叶片出现发黄、干枯和卷曲等现象（图 3.7B），OE - MIR398a 过表达转基因植株与野生型相比，耐热性水平显著增强；而 STTM398 突变体株系与野生型相比，耐热性显著减弱。通过对水稻幼苗的存活率统计，结果发现，OE - MIR398a、野生型和 STTM398 株系的存活率分别为（37.50±4.63）%、（29.17±3.28）%和（12.5±2.95）%（图 3.7C）。基因表达分析结果表明，正常情况下 OE - MIR398a 过表达株系中 miR398a 的相对表达量显著高于野生型，而 STTM398 株系中 miR398a 的相对表达量则显著低于野生型（图 3.7D）；高温胁迫 3 h 时，OE - MIR398a 株系中靶基因 *CSD2*

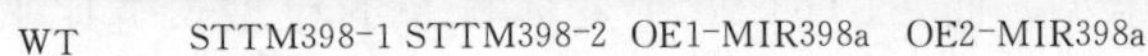

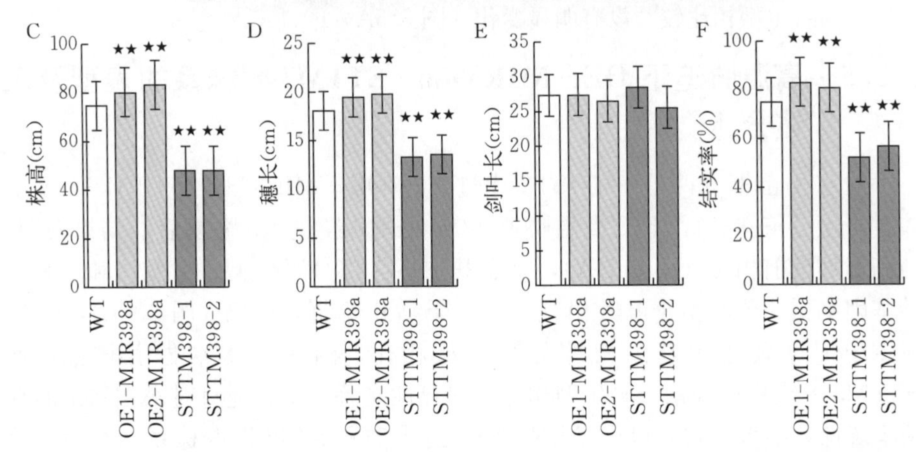

A 表示转基因水稻形态特征；B 表示转基因水稻穗型特征；C、D、E 和 F 分别表示株高、穗长、剑叶长和结实率测定值。WT：野生型；OE1 - MIR398a 和 OE2 - MIR398a：过表达 MIR398a 植株；STTM398 - 1 和 STTM398 - 2：miR398 干扰植株。数值为平均值（Means）± SD，* 为差异显著（$P \leqslant 0.05$），* * 为差异极显著（$P \leqslant 0.01$）

图 3.5　结实成熟期野生型、突变体及过表达转基因水稻株系的形态学特征

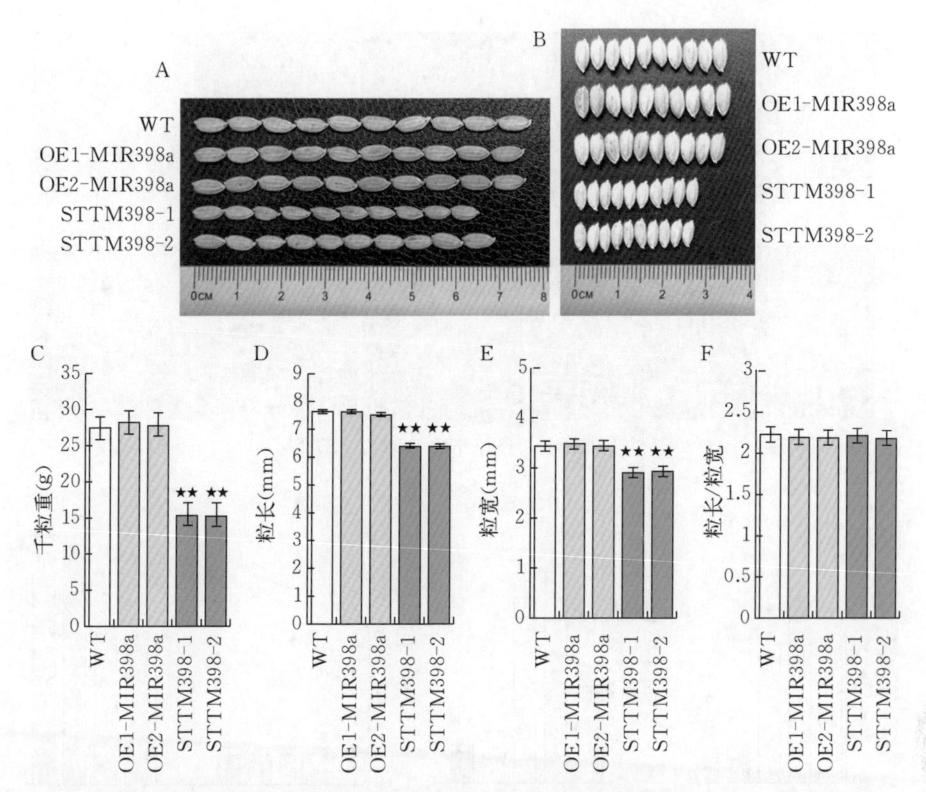

A、D 表示粒长；B、E 表示粒宽；C、F 分别表示千粒重、粒型长宽比。WT：野生型；OE1 - MIR398a 和 OE2 - MIR398a：过表达 MIR398a 株系；STTM398 - 1 和 STTM398 - 2：突变体株系。数值为平均值（Means）±SD，用 t 检验检测差异，* 为差异显著（$P \leqslant 0.05$），* * 为差异极显著（$P \leqslant 0.01$）

图 3.6　结实成熟期野生型、突变体及过表达转基因水稻株系的粒型特征

的相对表达量显著低于野生型，而 STTM398 株系中靶基因 *CSD2* 的相对表达量显著高于野生型（图 3.7E）。

对水稻孕穗期（第五期）T2 代过表达 OE - MIR398a、STTM398、野生型植株进行了高温处理，试验条件如图 3.8E 所示。人工气候室的温度设置为 37 ℃，高温胁迫时间为 7 d，然后移到室外自然条件恢复、生长。结果表明，与正常条件下相比（图 3.8 A），高温胁迫下大部分野生型和转基因水稻株系的叶尖出现发黄、干枯和卷曲等现象（图 3.8B），且野生型和 OE - MIR398a 转基因植株热胁迫恢复后，抽穗开花时间要早于 STTM398 株系。对高温胁迫后对照组、试验组水稻花粉活力进行检测和统计，结果显示，正常情况下野生型、OE - MIR398a 和 STTM398 植株碘染色率分别为（85.43±2.57)%、(90.05±2.42)% 和（80.85±3.84)%，高温胁迫后，其碘染色率分别为

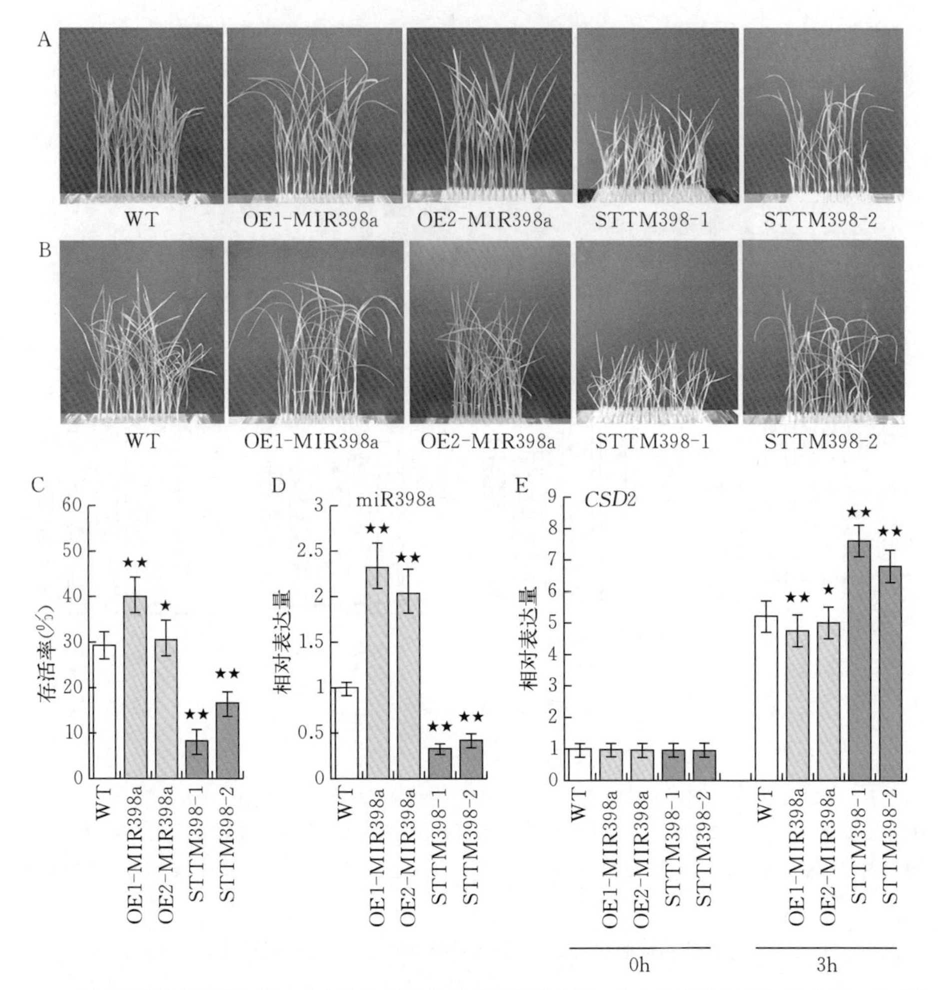

A 表示正常情况下野生型、突变体和过表达转基因植株表型；B 表示高温胁迫下野生型、突变体和过表达转基因株系表型；C 表示高温胁迫下野生型和转基因株系存活率；D 表示 miR398a 在野生型和转基因株系中的相对表达量；E 表示高温胁迫下靶基因 *CSD2* 在野生型和转基因株系中的相对表达量

图 3.7　野生型、突变体及过表达转基因水稻苗期耐热表型及相对表达量

(18.55±2.17)%、(20.39±4..81)%和 (14.84±3.38)% (图 3.8C、D、H)。

对水稻孕穗期高温胁迫后的结实率和千粒重进行分析，结果表明，高温胁迫后，野生型、OE - MIR398a 和 STTM398 植株的结实率分别为 (12.76±2.05)%、(15.68±2.81)%和 (6.18±1.80)%，显著低于正常条件下水稻结实率［野生型、OE - MIR398a 和 STTM398 植株的结实率分别为 (75.04±11.70)%、(82.02±5.3)%、(54.63±10.04)%］；高温胁迫后野生型、OE - MIR398a 和 STTM398 植株的千粒重分别为 (0.56±0.02)g、(0.58±0.02)g 和

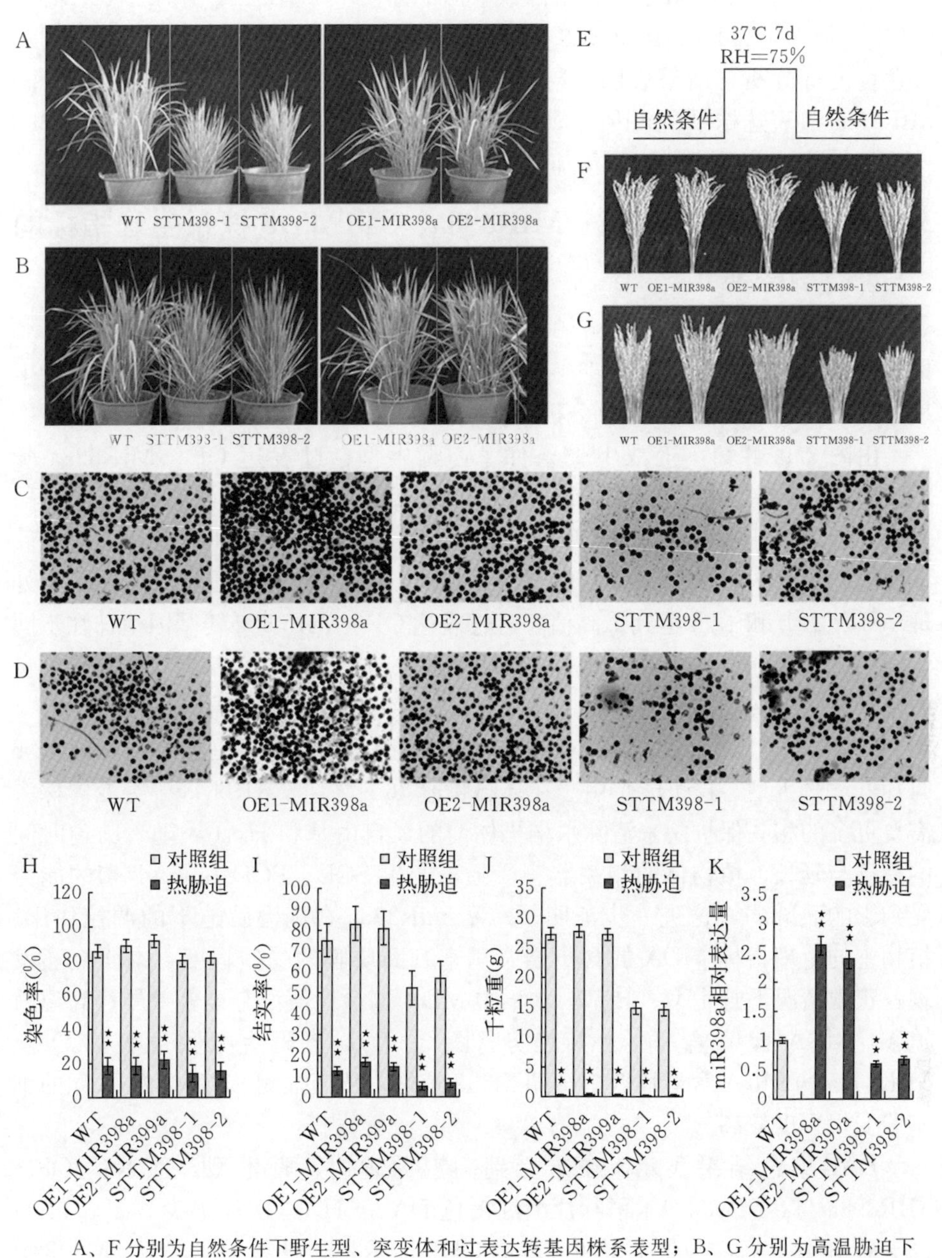

A、F 分别为自然条件下野生型、突变体和过表达转基因株系表型；B、G 分别为高温胁迫下野生型、突变体和过表达转基因株系表型；E 为高温胁迫的条件；C、D 分别为自然条件和高温胁迫下野生型、突变体和过表达转基因植株花粉染色情况；H、I、J、K 分别为自然条件和高温胁迫下野生型、突变体和过表达转基因植株花粉染色率、结实率、千粒重和 miR398a 的相对表达量

图 3.8　孕穗期野生型、突变体及过表达转基因水稻耐热表型及相对表达量

(0.34±0.01)g，显著低于正常条件下水稻千粒重［(27.23±1.47)g、(27.45±1.12)g、(14.75±1.52)g］（图 3.8F、G、I、J）。此外，还对 miR398a 的相对表达量进行分析，结果表明，与野生型植株相比，正常情况下孕穗期 OE-MIR398a 过表达株系中 miR398a 的相对表达量显著高于野生型，而 STTM398 株系中 miR398a 的相对表达量却显著低于野生型（图 3.8K）。

3.3.6 高温胁迫下 OE-MIR398a、STTM398 株系生理指标的动态变化

对水稻苗期（两叶一心）T2 代过表达 OE-MIR398a、STTM398 突变体、野生型植株进行高温处理，分别测定其 SOD、POD、CAT、MDA 四种生理指标，同时通过 DAB 染色分析 H_2O_2 积累情况。

由图 3.9 可知，正常生长条件下，野生型、过表达 OE-MIR398a 和 STTM398 转基因水稻株系 SOD、POD、CAT 和 MDA 含量没有显著的差异。当高温处理 12 h、24 h、36 h 和 48 h 时，SOD、POD 和 CAT 含量呈先上升后下降的趋势（图 3.9 A、B、C）。水稻 SOD、POD 和 CAT 含量分别在高温处理 36 h、24 h 和 12 h 达到最高值，且过表达 OE-MIR398a 转基因植株在不同时间点生理指标值均比野生型高，说明高温胁迫下过表达转基因水稻清除氧自由基和分解 H_2O_2 的能力较强。STTM398 突变体植株在高温处理 12 h、24 h 和 36 h 时，其 SOD、POD 和 CAT 含量均高于野生型，但是在高温处理 48 h 时却低于野生型，这可能是由于在高温胁迫 36 h 之前，STTM398 突变体株系需要更多的相关保护酶来清除水稻机体内的氧自由基和 H_2O_2，随着胁迫时间的持续与延长，植物体的相关器官受损，产生 SOD、POD 和 CAT 酶的能力受到影响而减弱，这进一步证明了水稻 miR398a 在高温胁迫下的调控作用。植物中的生理指标 MDA 的含量通常用来判断质膜的受损程度，本研究还发现，正常情况下野生型、转基因水稻中 MDA 酶活性值没有显著差异；高温胁迫下，MDA 含量呈一直上升趋势（图 3.9D），且野生型和过表达 OE-MIR398a 的 MDA 含量均低于 STTM398 植株，从而推测 STTM398 水稻的细胞膜受损程度较高。

DAB 染色结果显示，在未受到高温胁迫时，野生型、过表达 OE-MIR398a 与 STTM398 水稻叶片上红褐色 DAB-H_2O_2 沉淀很少（图 3.9E）；高温胁迫 48 h 后，与野生型和过表达 OE-MIR398a 株系相比，STTM398 突变体株系叶片上红褐色 DAB-H_2O_2 斑点显著增加，且大部分都聚集在叶片损伤严重的部位（图 3.9F）。这说明水稻 miR398a 能调控植株应答高温胁迫，过表达 OE-MIR398a 能增强水稻的耐热性；突变体 STTM398 植株的叶片损伤破坏大，H_2O_2 的产生增多，叶片上红褐色聚合物相对比较多，耐热性减弱，

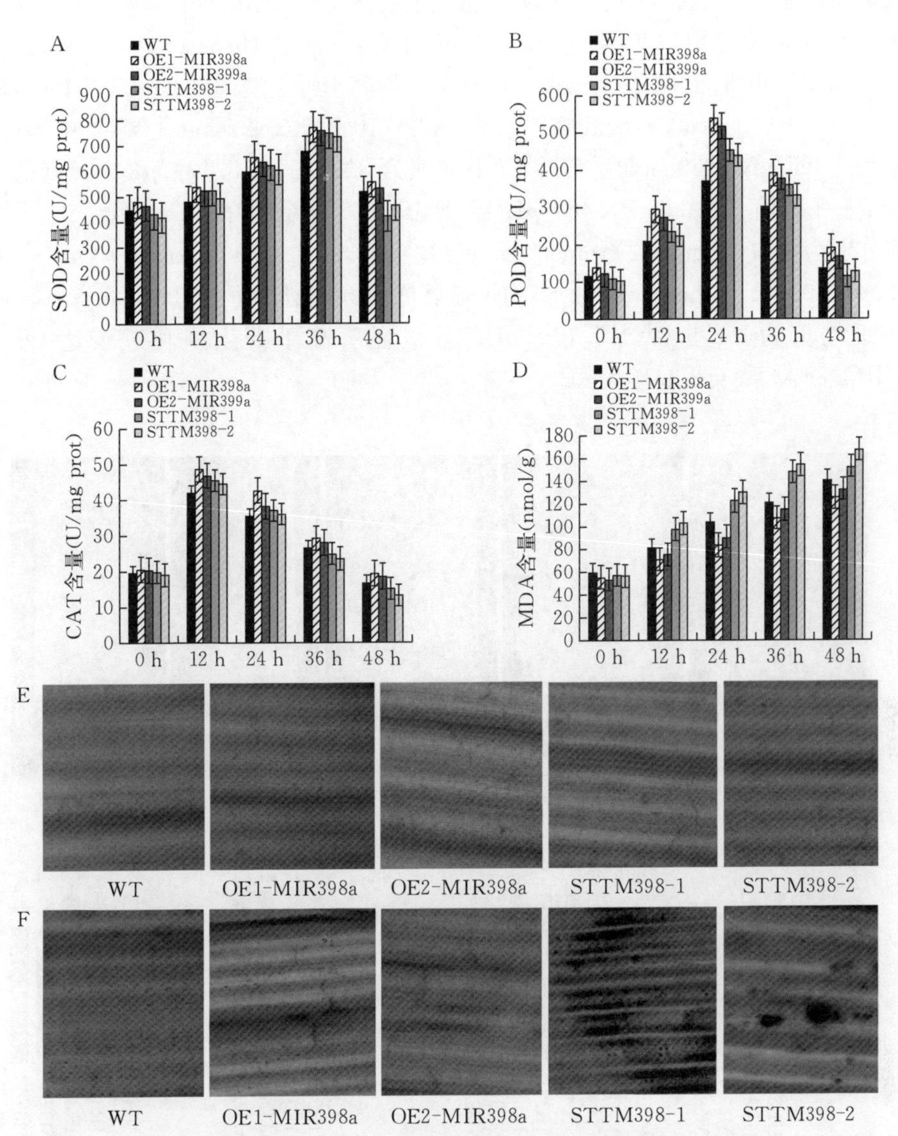

A、B、C 和 D 分别表示高温胁迫下野生型、突变体和过表达转基因株系 SOD、POD、CAT 和 MDA 含量时间动态变化；E、F 表示正常条件和高温胁迫下野生型、突变体和过表达转基因水稻叶片 DAB 染色情况

图 3.9　苗期野生型、突变体和过表达转基因水稻高温胁迫的生理响应

这可能是由于其生理指标的变化而引起的。

3.3.7　OE - MIR398a、STTM398 株系的光合特性分析

对水稻孕穗期（第五期）T2 代过表达 OE - MIR398a、STTM398 及野生型

株系剑叶进行光合特性测定，结果表明，过表达 OE - MIR398a 株系剑叶的 Pn、Gs、Tr 平均值分别为（16.07±1.70）μmol/(m^2・s)、（0.32±0.04）molH_2O/(m^2・s)、（10.92±0.91）mmol/（m^2・s），均高于野生型（15.85±1.67）μmol/(m^2・s)、(0.31±0.03) molH_2O/（m^2・s)、(10.27±0.92) mmol/（m^2・s)，而过表达 OE - MIR398a 株系剑叶 Ci 平均值为（256.78±8.47）μL/L，则低于野生型平均值（261.66±5.46）μL/L。STTM398 株系剑叶的 Pn、Gs、Tr 平均值分别为（11.74±1.32）μmol/(m^2・s)、（0.27±0.03）molH_2O/(m^2・s)、(8.47±0.39) mmol/(m^2・s)，均极显著低于野生型，而 STTM398 株系剑叶 Ci 平均值为（279.84±5.10）μL/L，极显著高于野生型和过表达 OE - MIR398a 株系（图 3.10A～E）。

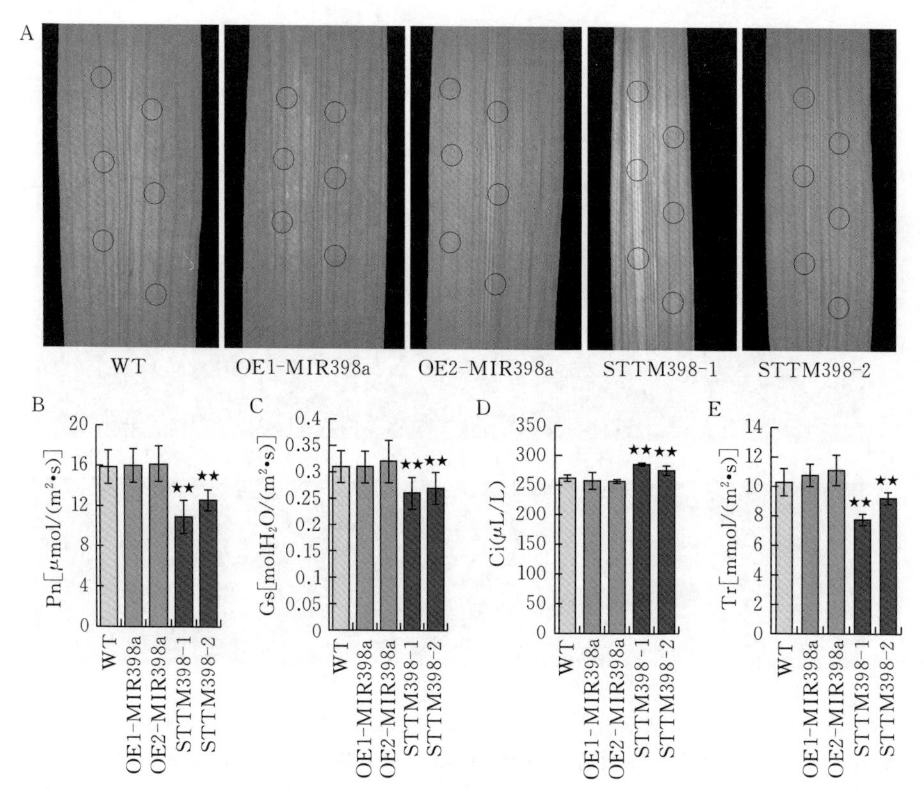

A 为水稻株系剑叶；B、C、D、E 分别为水稻株系净光合速率（Pn）、气孔导度（Gs）、胞间 CO_2 浓度（Ci）、蒸腾速率（Tr）。数值为平均值（Means）±SD，用 t 检验检测差异，* 表示差异显著（$P\leqslant0.05$），** 表示差异极显著（$P\leqslant0.01$）

图 3.10　孕穗期野生型、突变体和过表达转基因水稻株系的光合特性

3.4 讨论

3.4.1 OE-MIR398a、STTM398 株系的形态学特征

近年来，有关 miRNA 的生物学功能在一定程度上通过表达 miRNA 或沉默干扰 miRNA 的手段进行研究。本研究通过过量表达 MIR398a 前体，并利用载体上的强启动子的调控来开启 miRNA 前体转录过程，最后获得 OE-MIR398a 前体过表达阳性转基因水稻株系。通过对过表达 OE-MIR398a 转基因 T2 代植株的表型观察，发现水稻结实成熟期其株高显著高于野生型；突变体 STTM398 株系的株高显著低于野生型，且粒长和粒宽显著小于野生型。其原因可能是 miR398 的表达受到抑制进而影响到水稻的生长发育。

3.4.2 OE-MIR398a、STTM398 植株响应高温胁迫的表达分析

植物在参与应答逆境胁迫过程中通常会通过改变基因的表达方式来抵御不良的外界环境。据报道，拟南芥中 miR398 的表达在缺铜环境下会被诱导，使它的靶基因 *CSD1*、*CSD2* 降解[8]；在拟南芥 MIR398b 和 MIR398c 启动子的区域都发现了铜胁迫相关的 GTAC 序列，这个序列是启动子区域上的必需元件[9]。拟南芥中 miR398 通过调控靶基因，在应答蔗糖信号传导的过程中起着很重要的作用[10]。在强光照射下，拟南芥还会下调 miR398 的表达，而其靶基因则上调表达[11]。本研究发现过表达 OE-MIR398a 使 miR398a 的相对表达量上调，增强了水稻的耐热性，而 STTM398 则使 miR398a 的相对表达量下调，降低了水稻的耐热性；高温胁迫 3 h 时，OE-MIR398a 株系中靶基因 *CSD2* 的相对表达量显著低于野生型，而 STTM398 株系中靶基因 *CSD2* 的相对表达量显著高于野生型。已有的报道表明，在高盐、臭氧逆境胁迫下，拟南芥中 miR398 的表达量会降低，而其靶基因 *CSD1* 会上调表达，靶基因 *CSD2* 表达会受到抑制，说明在不同的逆境胁迫下，miR398 靶向 *CSD2* 的调控机制还不明确，可能还存在其他的调节方式[12]。

3.4.3 OE-MIR398a、STTM398 株系响应高温胁迫的生理响应

高温胁迫下植物的生理调节比较复杂，机体内 miRNA 由于受到环境刺激其表达会发生改变，随着其靶基因表达发生变化，促使机体内相关生理指标（如保护酶的活性）发生改变。通过对苜蓿蛋白水平的研究发现，高温胁迫下过表达 miR156 植株中脯氨酸、抗氧化剂含量明显高于野生型[13]。对水稻苗期高温胁迫表型观察分析发现，过表达 OE-MIR398a 可以增强水稻的耐热性，STTM 技术干扰 miR398 则降低水稻耐热性。DAB 染色及生理指标检测分析

表明，过表达 OE - MIR398a 植株水稻叶片 MDA 含量均低于野生型，而 SOD、POD 和 CAT 含量却均高于野生型，可见过表达转基因水稻细胞膜受损程度较野生型低，而清除机体内自由基及分解 H_2O_2 的能力强。STTM398 植株水稻叶片 MDA 含量高于野生型，其 SOD、POD 和 CAT 的含量在高温胁迫 36 h 后低于野生型，这说明 STTM398 突变体株系在高温胁迫一段时间后，机体内相关器官受到损失，细胞膜受损程度高于野生型，清除自由基能力减弱。孕穗期高温胁迫下过表达 OE - MIR398a 的花粉活力较野生型强，而 STTM398 花粉活力较野生型弱；水稻恢复生长、抽穗结实后，过表达 OE - MIR398a 植株的结实率显著高于野生型，STTM398 植株结实率显著低于野生型。这进一步说明了过表达 OE - MIR398a 植株耐热性提高，突变体 STTM398 植株耐热性降低。

植物通过光合作用获得所需有机物质和能量，光合作用指标也可以反映植株的生长势和抗逆性[14]。STTM398 突变体株系的净光合速率 Pn 值均低于野生型和过表达 OE - MIR398a 株系，这可能是由于突变体 STTM398 植株气孔导度值 Ci 的降低引起水稻叶绿体内 CO_2 的运输受阻，胞间 CO_2 浓度上升，从而引起 Pn 降低。过表达 OE - MIR398a 株系具有相对较高的光合速率和气孔开放度，从而表现出良好的耐热性。

3.5 结论

通过对 T2 代过表达 OE - MIR398a、STTM398 株系的形态学表型观察，STTM398 株系的株高、穗长、粒长、粒宽、结实率、千粒重等显著低于野生型和过表达 OE - MIR398a 株系，这表明 miR398 可能参与调控水稻的生长发育。高温胁迫下水稻苗期过表达 OE - MIR398a、野生型株系的存活率显著高于 STTM398 突变体株系，水稻孕穗期过表达 OE - MIR398a 和野生型株系抽穗及开花时间明显早于 STTM398 突变体株系；SOD、POD、CAT 和 MDA 生理指标测定、DAB 染色以及光合特性检测结果分析发现，STTM398 突变体植株叶片的损伤程度加大，株系的净光合速率、气孔导度和蒸腾作用显著降低，胞间 CO_2 浓度却显著增加；高温胁迫后野生型、OE - MIR398a 植株的育性明显高于 STTM398 突变体株系；过表达 OE - MIR398a 使 miR398a 的相对表达量上调，植株的耐热性增强；而 STTM398 则使 miR398a 的相对表达量下调，植株的耐热性减弱。

总之，本章利用分子生物学相关技术对水稻 miR398 进行了过量表达和沉默干扰，对获得的转基因和突变体株系在苗期和孕穗期进行了水稻高温胁迫试验，通过形态学观察统计，对生理指标、花粉活力、光合特征及基因表达等检测结果分析，揭示了 miR398 参与调控水稻应答高温胁迫。

参考文献

[1] 骆鹰，谢旻，张超，等．水稻 Cu/Zn - SOD 基因的克隆、表达及生物信息学分析．分子植物育种，2018，16 (10)：3097 - 3105.

[2] 杨双蕾．水稻 OsHsfA2e 基因的克隆、遗传转化与功能分析．长春：吉林大学，2016.

[3] 李娟．水稻应答高温胁迫的 miRNA 发掘及其功能研究．合肥：安徽农业大学，2017.

[4] 骆鹰，谢旻，张超，等．水稻锌指蛋白基因 *OsBBX22* 响应热胁迫的功能分析．基因组学与应用生物学，2018，37 (2)：836 - 844.

[5] Li XM，Chao DY，Wu Y，et al. Natural alleles of a proteasome α2subunit gene contributeto thermotolerance and adaptation of African rice. Nature Genetics，2015，47 (7)：827 - 833.

[6] 张超，骆鹰，谢旻，等．水稻锌指蛋白基因 *OsBBX24* 响应热胁迫的研究．分子植物育种，2017，15 (6)：2035 - 2041.

[7] 刘晓龙，徐晨，徐克章，等．盐胁迫对水稻叶片光合作用和叶绿素荧光特性的影响．作物杂志，2014 (2)：88 - 92.

[8] Abdel - Ghany SE，Pilon M. MicroRNA - mediated systemicdown - regulation of copper protein expression in response to low copper availability in Arabidopsis. Journal of Biological Chemistry，2008，283 (23)：15932 - 15945.

[9] Yamasaki H，Hayashi M，Fukazawa M，et al. SQUAMOSA promoter binding protein - like7 is acentral regulator for copper homeostasis in Arabidopsis. Plant Cell，2009，21 (1)：347 - 361.

[10] Dugas DV，Bartel B. Sucrose induction of Arabidopsis miR398 represses two Cu/Zn superoxide dismutases. Plant Molecular Biology，2008，67 (4)：403 - 417.

[11] Sunkar R，Kapoor A，Zhu JK. Post - transcriptional induction of two Cu/Zn superoxide dismutase genes in Arabidopsis is mediated by down regulation of miR398 and important for oxidative stress tolerance. Plant Cell，2006，18 (8)：2051 - 2065.

[12] Jagadeeswaran G，Saini A，Sunkar R. Biotic and abiotic stress down - regulate miR398 expression in Arabidopsis. Planta，2009，229 (4)：1009 - 1014.

[13] Arshad M，Puri A，Simkovich AJ，et al. Label - free quantitative proteomic analysis of alfalfa in response to microRNA156 under high temperature. BMC Genomics，2020，21 (1)：758.

[14] 许大全．光合作用效率．上海：上海科学技术出版社，2002：821 - 834.

第4章 水稻 miR398 及其靶基因的作用机制研究

通过对水稻高温胁迫下差异表达 miRNAs 及其靶基因的筛选鉴定，以及水稻 miR398a 的生物学功能分析，发现水稻 *CSD2*（*Os07g0665200*）同是 miR398a 和 miR398b 的靶基因。已有研究发现水稻 miR398b 可以通过靶向 *CSD1*、*CSD2*、*CCSD* 和铁/锰超氧化物歧化酶同源基因 *SODX*，从而影响 H_2O_2 的积累，最终影响稻瘟病抗性的调控[1]。为了探讨水稻 miR398 与靶基因的切割位点，以及靶基因 *CSD2* 是否参与水稻耐热性调控，利用 RLM－5′ RACE 技术验证水稻 miR398a 对 *CSD2* 的切割作用，并运用 *CRISPR/Cas9* 基因编辑技术对 miR398a 与 *CSD2* 作用位点设计靶序列，构建 *OsCSD2* 基因敲除载体；利用水稻遗传转化获得阳性突变体植株；最后对 *CSD2* 突变体株系进行高温胁迫试验及基因表达分析，从而揭示 *OsCSD2* 基因参与水稻耐热性调控。

4.1 试验材料

4.1.1 供试材料

粳稻品种日本晴由湖南省杂交水稻研究中心提供，用于 RLM－5′ RACE 验证试验、*CRISPR/Cas9* 基因敲除载体构建、融合表达载体构建、基因表达及功能分析等。

4.1.2 菌株与质粒

菌株：试验中使用的 DH5α 和 *EHA*105 购自于北京擎科公司。

质粒：所需载体和启动子 pYLCRISPR/Cas9Pubi－H、pYLsgRNA－LzU6a 由华南农业大学刘耀光院士团队惠赠；植物双元表达载体 pCAMBIA2300 由湖南大学刘选明教授团队惠赠，其具体信息见图 4.1；pClone007 Blunt Vector Kit 载体购自于北京擎科公司。

4.1.3 试剂

载体构建所用试剂与第 3 章 3.1.3 相同。

PCR（含荧光定量）所用试剂与第 3 章 3.1.3 相同。

组培试剂所用试剂与第 3 章 3.1.3 相同。

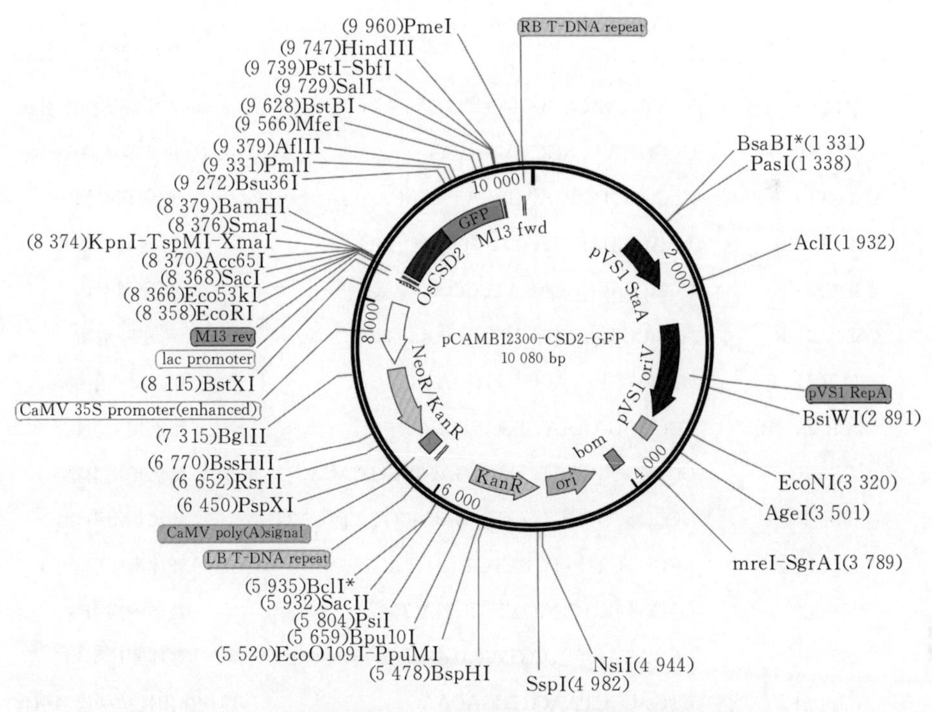

图 4.1　pCAMBIA2300 - CSD2 - GFP 载体构建信息图

RLM - 5′ RACE 验证靶位点及烟草瞬时表达试剂：FirstChoice® RLM - RACE Kit（Part Number AM1700）试剂盒（购自上海杰李生物技术有限公司）、MES、AS、Kan、Rif 和 $MgCl_2$ 试剂（购自长沙嘉和生物公司），YEB 培养基、无水乙醇。引物合成和测序工作由北京擎科公司负责（表 4.1）。

RLM - 5′ RACE 验证试验、*CRISPR/Cas9* 敲除载体及 *CSD2* 表达载体的构建所需要的其他试验仪器见第 3 章 3.1.4 步骤。

表 4.1　本章 PCR 所用引物

引物名称	引物序列（5′- 3′）	引物备注
RACE - CSD2 - R1	GATGGAGTGTGCTCCAGTAA	RACE 下游引物
RACE - CSD2 - R2	CGGACAGGAGTATAGCACAT	RACE 下游引物
5′ RACE 接头引物	GCUGAUGGCGAUGAAUGAACACUGCGUUU GCUGGCUUUGAUGAAA	RACE 接头引物
5′ RACE 外引物	GCTGATGGCGATGAATGAACACTG	Outer 特异引物

（续）

引物名称	引物序列（5′-3′）	引物备注
5′ RACE 内引物	CGCGGATCCGAACACTGCGTTTGCTGGCTTTGATG	Inner 特异引物
M13-F	TGTAAAACGACGGCCAGT	pClone007 载体测序引物
M13-R	CAGGAAACAGCTATGACC	pClone007 载体测序引物
CSD2T1-F	GCCGCCTGAGAACACATAGACAA	靶序列引物
CSD2T1-R	AAACTTGTCTATGTGTTCTCAGG	靶序列引物
CSD2T2-F	GCCGAACGGCAGATCCCCCTTAC	靶序列引物
CSD2T2-R	AAACGTAAGGGGGATCTGCCGTT	靶序列引物
1st PCR U-F	CTCCGTTTTACCTGTGGAATCG	靶点接头引物
1st PCR gR-R	CGGAGGAAAATTCCATCCAC	靶点接头引物
PB-R	GCGCGCGGTCTCTACCGACTAGTCACGC	侧翼扩增引物
PB-L	GCGCGCGGTCTCGCTCGACGCGTATCCATC	侧翼扩增引物
SP-L1	GCGGTGTCATCTATGTTACTAG	载体测序引物
SP-L2	GTCGTGCTCCACATGTTGACC	载体测序引物
SP-R	GCAATAACTTCGTATAGGCT	载体测序引物
Cas9-F	CTGACGCTAACCTCGACAAG	转化体阳性植株检测引物
Cas9-R	CCGATCTAGTAACATAGATGACACC	转化体阳性植株检测引物
CSD2-Crispr-F1	ACAGCTGGAGCAGATGGTACTT	突变体纯合子鉴定引物
CSD2-Crispr-R1	CAGTGGTCTTGCTAAGCTCATGT	突变体纯合子鉴定引物
CSD2-F1	GGTACCCGGGGATCCTCTAGAACTCGCAGATCGCCTTCTC	目的基因克隆引物
CSD2-R1	AGCTCCTCCTCCTCCTCTAGACTGGTCATACATCAGGTGCTTA	目的基因克隆引物
CSD2-F2	GATGACGCACAATCCCACT	表达载体测序引物
CSD2-R2	CTTCTCCTTTGCCCATAGCT	表达载体测序引物

注：表中 F 代表上游引物，R 代表下游引物。

4.2 试验方法

4.2.1 总 RNA 的提取

参考北京天根公司 RNA 提取试剂盒说明进行水稻总 RNA 的提取。

4.2.2 RLM-5′RACE 验证水稻 miR398a 与靶基因 *OsCSD2* 的切割

根据前期预测水稻 miR398 的靶基因为 *OsCSD2*，按照 FirstChoiceRLM-RACE Kit（Part Number AM1700）试剂盒方法进行 RLM-5′RACE 验证试验，具体操作步骤如下：

4.2.2.1 5′RACE 连接接头的操作过程

（1）将表 4.2 中试剂加入离心管（无 RNA 酶）中。

（2）然后轻轻混匀，并且短暂旋转。

（3）在 37 ℃下，水浴孵育 1 h。

（4）最后将反应液保存在－20 ℃冰箱，或直接进行逆转录。

表 4.2 RLM-5′RACE 连接接头体系

反应用量	组分
2 μL	总 RNA
1 μL	5′RACE 接头
1 μL	10×RNA 连接酶缓冲液
2 μL	T4RNA 连接酶（2.5 U/μL）
4 μL	无核酸酶双蒸水

4.2.2.2 逆转录操作过程

（1）按照表 4.3 将试剂加入无 RNA 酶的离心管中，此反应放在冰上操作。

表 4.3 逆转录反应体系

用量	组分
2 μL	RNA 连接液
4 μL	dNTP Mix 混合液
2 μL	随机 Decamers 缓冲液
2 μL	10×RT Buffer 缓冲液
1 μL	RNA 酶抑制剂
1 μL	M-MLV 逆转录酶
定容至 20 μL	无核酸酶双蒸水

（2）然后轻轻混匀，并且短暂旋转。

（3）在 42 ℃下，水浴孵育 1 h。

4.2.2.3 第一轮 5′RLM－RACE PCR 操作过程

(1) 向无 RNA 酶的离心管中加入表 4.4 中所示试剂，此反应放在冰上操作。

表 4.4 第一轮 5′ RLM－RACE PCR 操作过程

用量	组分
1 μL	上轮逆转录反应产物
5 μL	10×PCR Buffer 缓冲液
4 μL	dNTP Mix 混合液
2 μL	5′RACE 基因特异性外引物（10 μmol/L）
2 μL	5′RACE 外引物
定容至 50 μL	无核酸酶双蒸水
1.25 U	热稳定 DNA 聚合酶（0.25 μL of 5 U/μL）

(2) 然后轻轻混匀，并且轻轻晃动试管或短暂旋转，使反应液处于试管底部。

(3) 整个反应程序按照表 4.5 所示进行操作。

表 4.5 第一轮 5′ RLM－RACE PCR 反应程序

	阶段	循环	温度	时间
预变性	1	1	94 ℃	3 min
			94 ℃	30 s
扩增	2	35	60 ℃	30 s
			72 ℃	30 s
最后延伸	3	1	72 ℃	7 min

4.2.2.4 第二轮 5′ RLM－RACE PCR 操作过程

(1) 将表 4.6 中的试剂加入无 RNA 酶的离心管中，此反应在冰上操作。

表 4.6 第二轮 5′RLM－RACE PCR 操作过程

用量	组分
1 μL	前面第一轮 PCR 产物
5 μL	10×PCR Buffer 缓冲液
4 μL	dNTP Mix 混合液
2 μL	5′RACE 基因特异性内引物（10 μmol/L）
2 μL	5′RACE 内引物
定容至 50 μL	无核酸酶双蒸水
1.25 U	热稳定 DNA 聚合酶（0.25 μL of 5 U/μL）

（2）然后轻轻混匀，并轻轻晃动试管或短暂旋转，使反应液处于试管底部。

（3）此步骤反应程序与第一轮 5′RLM－RACE PCR 操作步骤相同。

4.2.2.5　克隆

具体方法参照 pClone007 Blunt Vector Kit 载体说明书进行。

4.2.2.6　序列检测分析

将 4.2.2.5 步骤中获得的单克隆进行菌落 PCR，去除测序中的载体和接头序列，再将所得的序列在 NCBI 中进行比对，把同源性最高的序列作为目的基因所在序列，筛选出该基因的作用位点，最后绘制切割图。

4.2.3　CRISPR/Cas9－CSD2 敲除载体构建

4.2.3.1　gRNA 靶位点的选择

通过国家水稻数据中心官方网站和 NCBI 官网对水稻 *CSD2* 基因进行分析，获得水稻 *CSD2* 基因的全基因组序列，并标记外显子 CDS 序列，利用 Ensembl Plants（http://plants.ensembl.org/index.html）在线网站获得水稻 *CSD2* 基因的 cDNA 序列。利用在线软件 CRISPR－P（http://crispr.hzau.edu.cn/CRISPR2/）进行靶位点的选择，筛选出两个打靶效率高的靶点 Target1、Target2。

4.2.3.2　sgRNA 表达盒构建操作过程

首先将接头引物进行连接。将靶序列正向引物 F 与反向引物 R 各取 1 μL 混合，在 90 ℃热激 30 s。然后按下列具体操作步骤进行。

（1）连接反应体系共 10 μL，按照表 4.7 所示，此连接反应共 5 个循环，37 ℃下连接 5 min，然后在 20 ℃下连接 5 min。

表 4.7　连接反应体系

用量	组分
1 μL	10×T4 DNA 连接酶缓冲液（代替 ATP）
1 μL	接头引物
0.25 μL	5 U/μLBsaI 酶
1 μL	35 U T4 DNA 连接酶
1 μL	10ngU6a－gRNA 质粒
1 μL	10×cussmart 缓冲液
4.75 μL	双蒸水

（2）第一步扩增反应体系共 15 μL，通过步骤（1）反应后，得到 10 μL 连接产物，然后可以进行第一步扩增反应，所需试剂如表 4.8 所示。

表 4.8 第一步扩增体系

用量	组分
1.5 μL	2×KOD plus 缓冲液
1 μL	上一步连接产物
1.5 μL	0.2 μmol/L U－F 引物
1.5 μL	0.2 μmol/L gR－R 引物
2 μL	dNTP（脱氧核糖核苷三磷酸）
0.25 μL	0.25 U/μL KOD plus 酶
7.25 μL	双蒸水

PCR 条件：共 24 个循环，95 ℃下扩增 10 s，60 ℃下扩增 15 s，68 ℃下扩增 20 s。

（3）第二步扩增反应体系共 40 μL，通过步骤（2）反应后，得到 15 μL PCR 扩增产物，然后可以进行第二步扩增反应，反应所需试剂如表 4.9 所示：

表 4.9 第二步扩增体系

用量	组分
4 μL	2.5 U/μL 5×Fast Pfu 缓冲液
0.6 μL	0.15 μmol/L GGR 引物
0.6 μL	0.15 μmol/L GGL 引物
1 μL	上一步扩增产物 U－F
1 μL	上一步扩增产物 gR－R
0.8 μL	2.5 U/μL 5×Fast Pfu 酶
3 μL	dNTP（脱氧核糖核苷三磷酸）
29 μL	双蒸水

PCR 条件：共 25 个循环，95 ℃下扩增 10 s，60 ℃下扩增 15 s，68 ℃下扩增 20 s。

（4）然后对上述步骤（3）获得的 PCR 产物进行胶回收或者纯化。

4.2.3.3 sgRNA 表达盒组装到 pYLCRISPR/Cas9 载体

准备 15 μL 酶切连接反应体系，具体情况如表 4.10 所示。

表 4.10　酶切连接体系

用量	组分
1 μL	CutSmart 缓冲液
0.5 μL	BsaⅠ酶
0.1 μL	35 U/μL T4 DNA 连接酶
1 μL	20 ng/μL 上一步产物
0.5 μL	60 ng/μL Cas9 质粒
1.5 μL	10×DNA 连接酶（代替 ATP）
10.4 μL	双蒸水

PCR 条件：共 15 个循环，在 37 ℃下连接 5 min，10 ℃下连接 5 min，20 ℃下连接 5 min。

4.2.3.4　连接产物的转化及检测

取上述 4.2.3.3 酶切连接产物 5 μL，用移液枪将其转入 50 μL 的 DH5α 感受态大肠杆菌中，在冰上混合放置 25 min，然后通过热激方法在 42 ℃下热击 45 s，冰上再静置 2 min。然后把连接产物与大肠杆菌的混合液一同加入250 μL的 LB 培养基中，在摇床条件为 200 r/min 下摇菌 1 h。在 LB 培养基上均匀涂布连接产物，LB 培养基中含有 Kan 的标准是 5 μg/mL，在37 ℃条件下培养，待长出菌落，挑选单克隆进行菌落 PCR 检测阳性克隆。选取阳性克隆的菌液送往公司进行测序，并且将阳性克隆的菌液进行扩大培养后用于提取质粒，测序检测的结果没有错误即可以将敲除载体用于水稻遗传转化。

4.2.4　T0 代 CRISPR/Cas9 - CSD2 突变体植株的检测

以 T0 代 CRISPR/Cas9 - CSD2 植株基因组 DNA 为模板，根据靶位点所在的位置设计靶点引物进行 PCR 扩增，经电泳的检测，将阳性产物进行测序，然后将结果用 DSDecode（http://skl.scau.edu.cn/dsdecode/）软件进行分析。统计所有 T0 代水稻突变体株系的突变情况，包括单靶点、双靶点等。

4.2.5　T1 代突变体植株 T - DNA - free 分析

用 Cas9 引物对本研究所得到的 T1 代水稻突变体株系进行 T - DNA - free 检测，通过提取水稻 DNA，并进行 PCR 扩增，然后通过电泳进行检测，如果发现仍然能扩增出条带的则表示 Cas9 载体仍存在水稻植株中，这些株系可以剔除，没有扩增出条带的则是 T - DNA - free 阳性植株。

4.2.6 T2 代水稻突变体株系形态学观察统计

将获得的阳性 T1 代突变体、野生型株系栽种于湖南农业大学耘园试验农田，并获得 T2 代突变体株系。随机选取 5 株纯合突变体、野生型植株进行形态学观察统计，包括穗长、剑叶长、株高、粒长、粒宽、粒型长宽比、结实率、千粒重等。

4.2.7 高温胁迫下 T2 代突变株系的表型及表达检测

对筛选的 *CSD2* 位点 T2 代矮秆突变株系及野生型进行培育，待水稻幼苗至两叶一心期时进行高温胁迫（温度为 45 ℃，时间为 48 h），并进行表型观察和基因表达检测，高温胁迫的其他条件设置、荧光定量 PCR 等操作步骤与第 3 章 3. 2. 6 和 3. 2. 7 中相同。

4.2.8 靶基因 *OsCSD2* 的克隆

通过国家水稻数据中心、Ensembl Plants 在线网站获得水稻 *CSD2* 的全基因组、CDS 和 cDNA 序列，并设计引物，构建 pCAMBI2300 - CSD2 - GFP 表达载体，具体方法与相关信息参考骆鹰等[2]文献中的操作步骤。

4.3 结果与分析

4.3.1 总 RNA 的提取分析

经电泳检测，总 RNA 提取结果如图 4. 2 所示，两条清晰的条带分别是 28S 和 18S，说明 RNA 只有较少的降解。经微量分光光度计测定获得 miRNA 浓度及 OD 值，发现所提 RNA 的浓度和质量能满足试验要求。

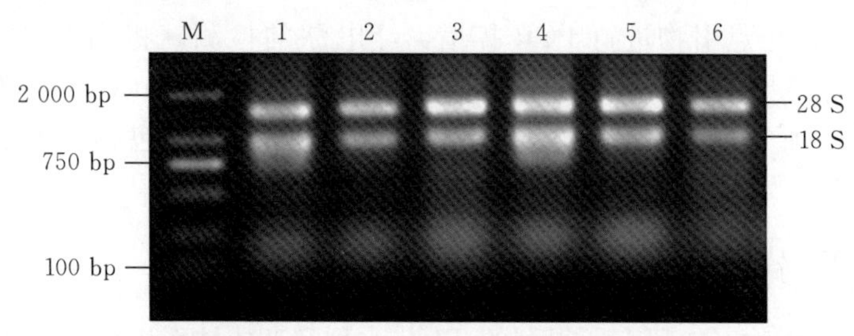

M：Mark DL2000；1、2、3、4、5、6：水稻幼苗叶片 RNA 样

图 4. 2 水稻幼苗叶片 RNA 提取电泳检测结果

4.3.2　水稻 miR398a 及其靶基因 *OsCSD2* 的切割位点分析

为了明确 miR398a 与靶基因 *CSD2* 的切割位点，利用 RLM－5′RACE 进行试验验证，由图 4.3 A 可知，miR398a 与靶基因 *CSD2* 可能存在两个作用位点，其中一个可能在位点处 5′上游的 134 bp 位置，另一个可能在位点 3′下游 370 bp 位置（图 4.3B）。miR398a 与靶基因 *CSD2* 的互补区域具有一个 G:U 摆动，这个摆动大概位于 miR398a 序列的第 13 位处，此外，互补区域还有三个错配，如图 4.3B 所示，这些错配分别在 miR398a 序列的第 14、15 和 21 位的位置。通过分析靶基因被切割片段的结构域情况，明确 *CSD2* 可能是 miR398a 的靶基因。

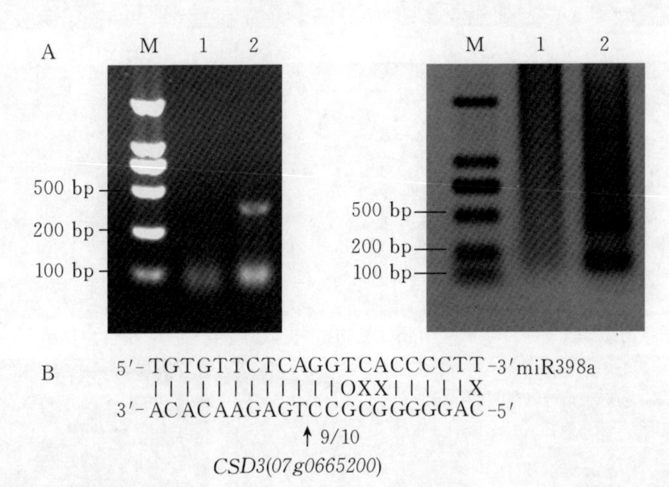

A 为 PCR 产物检测，M：DL2000 DNA mark，1：阴性对照，2：RLM－5′RACE PCR 产物；B 为 miR398a 对靶基因 *CSD2* 切割位点序列分析，miR398a 序列在上面，靶基因序列在下面，垂线箭头表示切割位点。竖线表示互补配对，O 表示 G：U 摆动，X 表示错配

图 4.3　RLM－5′RACE 对水稻 miR398a 与靶基因 *CSD2* 作用位点验证

4.3.3　CRISPR/Cas9－CSD2 载体构建及水稻遗传转化分析

利用 CRISPR/Cas9 技术，分别构建 CRISPR/Cas9－CSD2－T1 单靶点（图 4.4A、B）和 CRISPR/Cas9－CSD2－T2 单靶点（图 4.4 A、C），以及 CRISPR/Cas9－CSD2－T1T2 双靶点敲除载体（图 4.4 A、D）。通过水稻遗传转化，分别获得 40 株、35 株和 38 株 CSD2－T1、CSD2－T2 和 CSD2－T1T2 转化幼苗（图 4.4E）。

4.3.4　T0 代水稻 *CSD2* 突变位点分析

分别对 CSD2－T1、CSD2－T2 和 CSD2－T1T2 水稻遗传转化幼苗进行阳

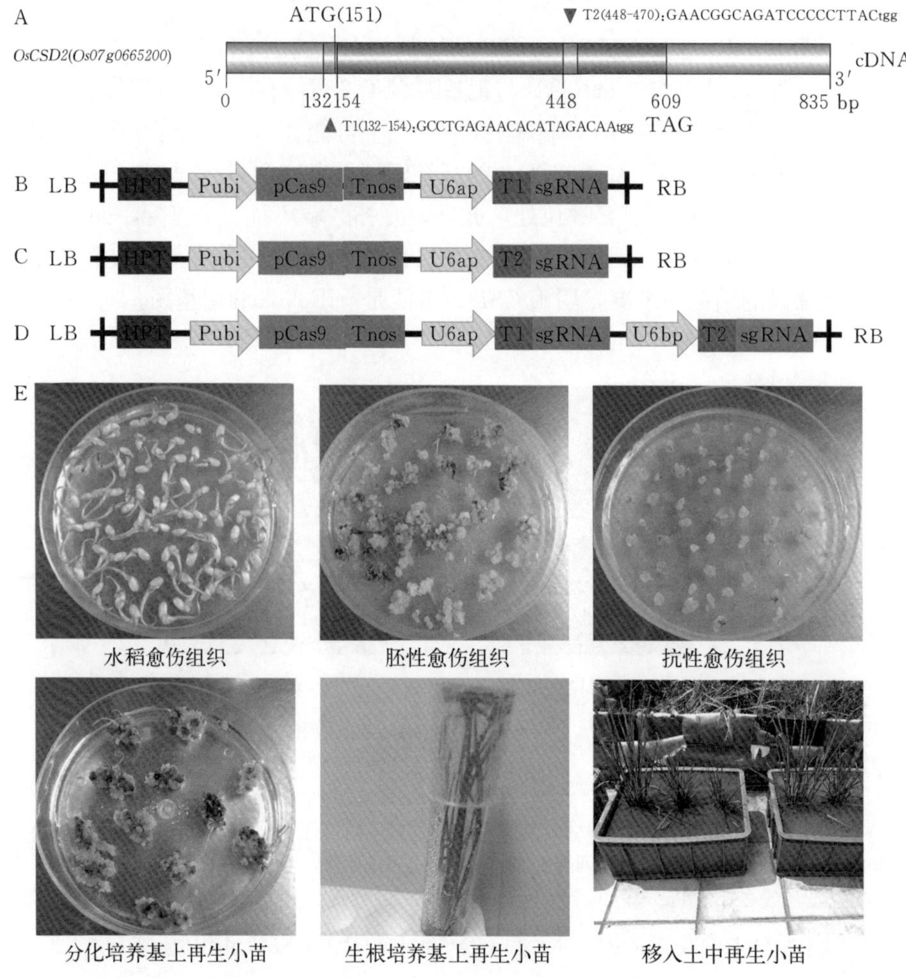

A 为 *CSD2* 靶位点在 cDNA 序列位置；B、C、D 分别为 CRISPR/Cas9-CSD2-T1、CRISPR/Cas9-CSD2-T2 和 CRISPR/Cas9-CSD2-T1T2 重组载体信息图；E 为水稻遗传转化过程

图 4.4 CRISPR/Cas9-CSD2 敲除载体的构建及遗传转化

性检测（图 4.5A、B，表 4.11），结果发现，单靶点 CSD2-T1 幼苗共 40 株，其中 12 株为野生型，其他 28 株均为阳性，阳性植株占总数的 70.00%；对 CSD2-T1 阳性植株进行统计，发现 15 株为纯合型突变，占总数的 37.50%，5 株为双等位型突变，占 12.50%，而杂合型突变为 8 株，占 20.00%。单靶点 CSD2-T2 幼苗共 35 株，其中 11 株为野生型，24 株为阳性，阳性植株占总数的 68.57%，这些幼苗中有 12 株为纯合型突变，占总数的 34.29%，7 株双等位型突变，占 20.00%，5 株杂合型突变，占 14.28%。38 株双位点 CSD2-T1T2

幼苗中，15 株野生型，23 株为阳性，占总数的 60.53%，两个设计靶点位置都发生突变的有 11 株，占阳性植株的 47.83%。

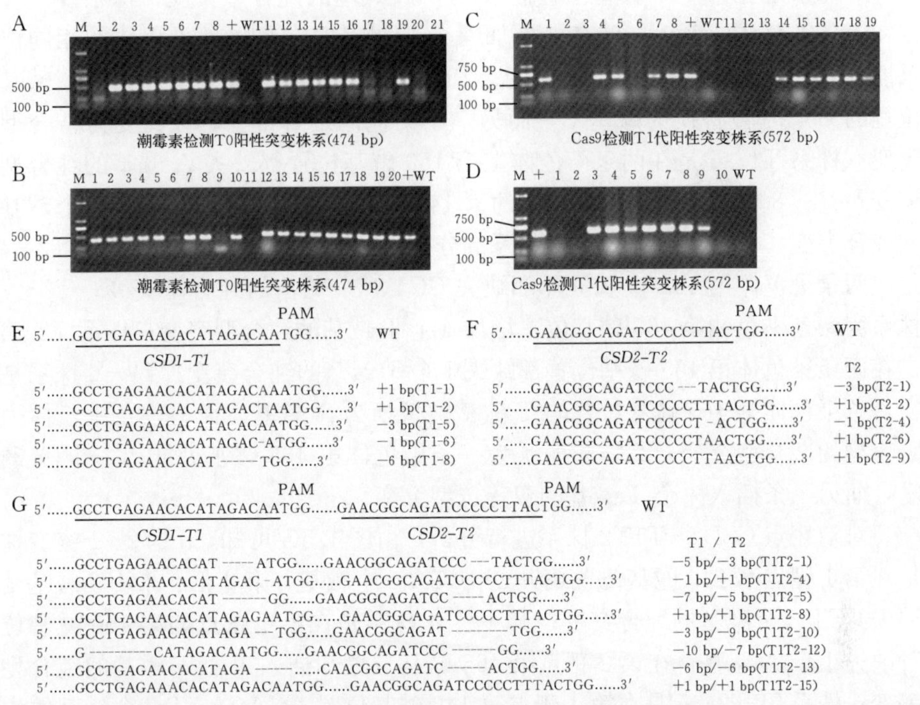

A、B 为潮霉素检测 T0 代阳性植株，A 中 1～8 为 CSD2 - T1 遗传转化植株，11～21 为 CSD2 - T2 遗传转化植株，B 中 1～20 为 CSD2 - T1T2 遗传转化植株；C、D 为 Cas9 特异引物检测 T1 代阳性植株，C 中 1～8 为 CSD2 - T1 遗传转化植株，11～19 为 CSD2 - T2 遗传转化植株，D 中 1～10 为 CSD2 - T1T2遗传转化植株；M：DL2000 DNA mark，WT：无外源（标记）基因阴性对照，+：突变株阳性对照；E、F、G 分别为 CSD2 - T1、CSD2 - T2、CSD2 - T1T2 突变基因型

图 4.5　阳性突变株突变情况分析

表 4.11　T0 代 *CSD2* 靶点突变情况统计分析

	性状	纯合型	双等位型	杂合型	野生型	总数
CSD2 - T1	植株数	15	5	8	12	40
	占比（%）	37.50	12.50	20.00	30.00	100
CSD2 - T2	植株数	12	7	5	11	35
	占比（%）	34.29	20.00	14.28	31.43	100
CSD2 - T1T2	植株数	11	4	8	15	38
	占比（%）	28.95	10.53	21.05	39.47	100

为了明确T0代植株CSD2靶点突变的具体碱基，用DSDecode在线软件对突变植株进行分析，如图4.5E所示，发现在单靶点CSD2-T1突变株中，T1-1株系是在第149碱基位置插入一个A碱基的纯合型突变；株系T1-2则在一条染色体的第149碱基处增加一个T碱基，在另一条染色体的相同位置插入一个A碱基的双等位型突变；T1-5株系是在一条染色体第146碱基位置的G碱基被替换为碱基C，而另一条染色体是野生型，该突变为杂合型突变；株系T1-6是在两条染色体上第150碱基位置都缺失A碱基的纯合型突变；T1-8株系是在两条染色体的第146碱基处都缺失AGACAA 6个碱基的纯合突变。单靶点CSD2-T2株系的分析结果如图4.5F所示，突变株T2-1是在两条染色体第463碱基位置都缺失CCT 3个碱基的纯合型突变；T2-2株系为两条染色体第465碱基位置增加1个T碱基的纯合型突变；株系T2-4是在两条染色体第465碱基位置都缺失1个T碱基的纯合突变；T2-6株系是在一条染色体第465碱基位置的T碱基被替换为A碱基，而另一条染色体为野生型的杂合型突变；T2-9株系为一条染色体第465碱基处插入一个A碱基，而另一条插入一个T碱基的双等位型突变。

对双靶点CSD2-T1T2株系进行分析，由图4.5G可知，T1T2-1突变株是在第1靶点第146碱基位置缺失AGACA 5个碱基、第2靶点第463碱基处缺失CCT 3个碱基的纯合突变；T1T2-4株系是在第1靶点的第150碱基位置缺失1个A碱基、在第2靶点第465碱基位置却插入1个T碱基的纯合型突变；株系T1T2-5是在第1靶点第146碱基位置AGACAAT 7个碱基发生缺失、而第2靶点的第461碱基位置CCCTT 5个碱基发生缺失的纯合型突变；T1T2-8株系是在第1靶点第149碱基位置C碱基突变为G碱基；而在第2靶点的两条染色体中，其中一条第465碱基位置插入1个T碱基，另一条是野生型的杂合型突变；株系T1T2-10是在第1靶点的第149碱基位置CAA 3个碱基发生缺失、在第2靶点的第461碱基位置CCCCCTTAC 9个碱基发生缺失的纯合突变；T1T2-12株系是在第1靶点的第133碱基位置CCT-GAGAACA 10个碱基发生缺失、而在第2靶点的第461碱基位置CCTTACT 7个碱基发生缺失的纯合突变；株系T1T2-13是在第1靶点第149碱基位置CAATGG 6个碱基发生缺失、而在第2靶点的第460碱基处CCCCTT 6个碱基发生缺失的纯合突变；T1T2-15株系是在第1靶点的第141碱基位置插入A碱基，而在第2靶点的两条同源染色体中，其中一条的第465碱基位置插入1个T碱基、另一条缺失1个T碱基的双等位突变。

4.3.5 T1代突变株系T-DNA-free分析

经过T0代阳性突变体株系筛选，将筛选T0阳性水稻纯合突变株系进行培育，获得T1代株系。对T1代株系进行遗传筛选，用Cas9引物鉴定T-DNA-free水稻株系，如图4.5C所示，发现从60个CSD2-T1株系中能够扩增出56个具有Cas9载体部分序列，这些为非T-DNA-free株系；其他4个没有扩增结果的为T-DNA-free目的株系，占总株系6.67%。而50个CSD2-T2株系中有46个能扩增出Cas9载体序列，其他4个为T-DNA-free株系（未扩增出相应片段株系），占总株系的8.00%（图4.5C）。CSD2-T1T2情况为90个株系中有81个能扩增出Cas9载体序列，其他9个为T-DNA-free株系（未扩增出相应片段株系），占总株系的10.00%（图4.5D）。

4.3.6　*CSD2*位点T2代突变株系形态学观察统计

对*CSD2*位点T2代水稻株系的穗长、剑叶长、株高、粒长、粒宽、粒型长宽比、结实率和千粒重等进行统计分析，由表4.12可见，与野生型株系相比较，高秆类突变体株系，如T1-6-1、T1-6-2、T2-4-1、T2-4-3、T1T2-4-1、T1T2-4-4株系，它们在株高、穗长、剑叶长性状方面没有显著差异，然而结实率方面却显著降低；在株系T2-4-1、T2-4-3的粒宽、千粒重存在显著减小，还有出现颖花退化、颖壳顶端具有芒，以及颖壳表面出现褐化现象。在矮秆突变体株系中，与野生型相比较，株系T1-8-4、T1-8-5、T2-1-1、T2-1-7、T1T2-5-1、T1T2-5-2、T1T2-12-1、T1T2-12-7的株高、粒长、粒宽、结实率、千粒重存在显著差异，颖壳表面也出现褐化现象，但它们的穗长、剑叶长性状却没有发生显著的变化。

4.3.7　高温胁迫下*CSD2*基因T2代突变体的耐热性分析

对T2代突变体和野生型株系进行高温处理，如图4.6 A、B所示，结果发现，高温胁迫下野生型、T1T2-5-2、T1T2-12-2突变体株系的存活率分别为（27.17±3.08）%、0.00%和（4.17±0.60）%（图4.6C），这说明突变体株系的耐热性显著减弱。基因表达分析发现T1-8-4、T1-8-5、T2-1-1、T1-1-7、T1T2-5-2、T1T2-12-2突变体株系中*OsCSD2*相对表达量显著低于野生型（图4.6D），这表明*OsCSD2*基因受高温诱导，且突变体中*CSD2*的表达量受抑制，从而说明*OsCSD2*基因参与调控水稻的耐热性。

4.3.8　靶基因*OsCSD2*的克隆分析

为了更全面研究靶基因*OsCSD2*的生物学功能，对该基因进行了克隆[2]，由图4.7A、B可知，通过对目的基因序列查询、片段扩增、菌落PCR及相关检测，构建了pCAMBIA2300-OsCu/Zn-SOD-GFP重组载体。并分析*Os-Cu/Zn-SOD*开放阅读框序列，由图4.7C可知，该序列cDNA的长度为606 bp，

表 4.12 CSD2 位点 T2 代突变株系与亲本的主要农艺性状表现

株系	株高	穗长	剑叶长	粒长	粒宽	粒型长宽比	结实率	千粒重
WT	74.63±1.18a	18.30±1.47a	27.25±6.76a	7.63±0.09a	3.44±0.05a	2.22±0.04a	75.04±11.7a	27.23±1.47a
T1-6-1	76.30±5.03a	18.50±1.23a	24.53±3.65a	7.55±0.05a	3.50±0.05a	2.16±0.03a	63.52±6.78b	28.32±2.30a
T1-6-2	75.85±4.05a	18.15±1.00a	26.55±4.27a	7.60±0.03a	3.55±0.05a	2.14±0.02a	60.75±5.25b	26.08±1.85a
T1-8-4	69.20±4.24b	18.18±1.25a	29.23±2.63a	7.05±0.03b	3.25±0.03b	2.17±0.04a	62.16±3.60b	23.70±1.37b
T1-8-5	68.80±1.87b	17.82±1.34a	26.54±1.96a	6.95±0.01b	3.20±0.02b	2.17±0.03a	60.23±4.27b	22.11±2.05b
T2-1-1	67.52±3.68b	18.54±1.85a	27.58±3.24a	6.90±0.02b	3.20±0.03b	2.16±0.03a	58.77±3.98b	21.72±1.05b
T2-1-7	67.50±6.45b	18.57±0.94a	22.39±2.56a	6.75±0.02b	3.10±0.04b	2.18±0.03a	56.68±4.08b	21.33±1.40b
T2-4-1	78.53±5.85a	18.05±1.67a	28.06±5.27a	7.50±0.05a	2.95±0.03b	2.54±0.05b	61.25±6.23b	22.18±2.35b
T2-4-3	79.55±4.15a	18.10±1.42a	25.50±4.25a	7.45±0.05a	2.90±0.03b	2.57±0.05b	63.17±5.05b	20.60±1.82b
T1T2-4-1	77.42±1.36a	18.68±0.78a	28.24±5.03a	7.65±0.05a	3.45±0.04a	2.22±0.02a	61.56±4.95b	26.39±1.27a
T1T2-4-4	76.90±3.24a	19.27±2.03a	25.52±3.17a	7.60±0.08a	3.45±0.06a	2.20±0.04a	63.92±5.15b	26.12±1.56a
T1T2-5-1	66.58±1.12b	18.53±1.15a	25.50±4.20a	6.65±0.03b	3.10±0.03b	2.15±0.03a	51.54±3.72b	22.04±1.58b
T1T2-5-2	65.05±2.03b	17.90±2.63a	26.53±3.12a	6.70±0.04b	3.00±0.03b	2.23±0.04a	47.95±3.53b	21.41±1.60b
T1T2-12-1	69.53±4.60b	18.22±1.75a	25.58±1.85a	6.95±0.03b	3.20±0.04b	2.17±0.03a	50.86±6.54b	22.92±1.29b
T1T2-12-7	70.52±2.30b	18.07±1.20a	26.09±3.46a	6.85±0.03b	3.10±0.04b	2.21±0.02a	55.31±1.59b	21.90±1.70b

注：表中相同字母表示差异不显著，不同字母表示差异显著（$P \leq 0.05$），数值为平均值（Means）±SE。

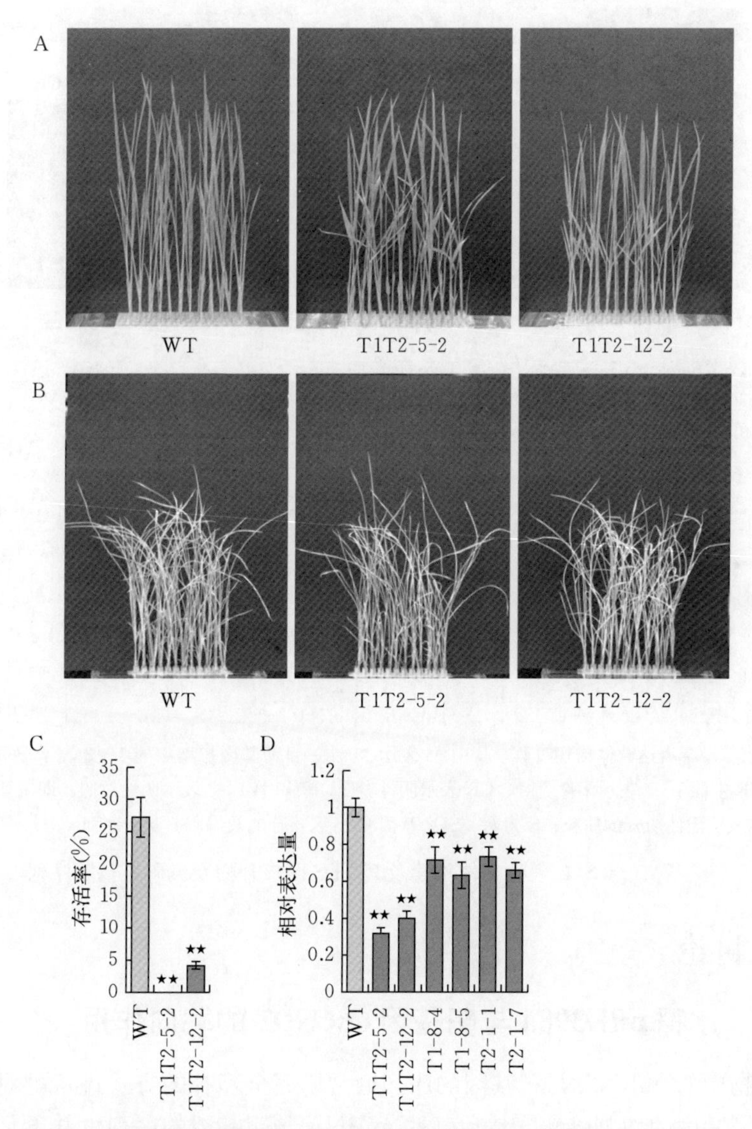

A、B分别表示正常情况和高温胁迫下T2代突变体及野生型株系表型；C表示高温胁迫下野生型及*CSD2*突变体株系的存活率；D表示正常情况下*OsCSD2*在突变体及野生型株系中的相对表达量

图4.6 野生型及突变体水稻苗期耐热表型及相对表达量

其中的ATG存在于序列的第62位碱基处，TAG在第520位碱基处，由此推测该基因CDS区序列长度为459bp。该序列G、C、A、T四个碱基组成分别占29.4%、23.5%、22.7%、24.4%，该基因共编码152个氨基酸残基。

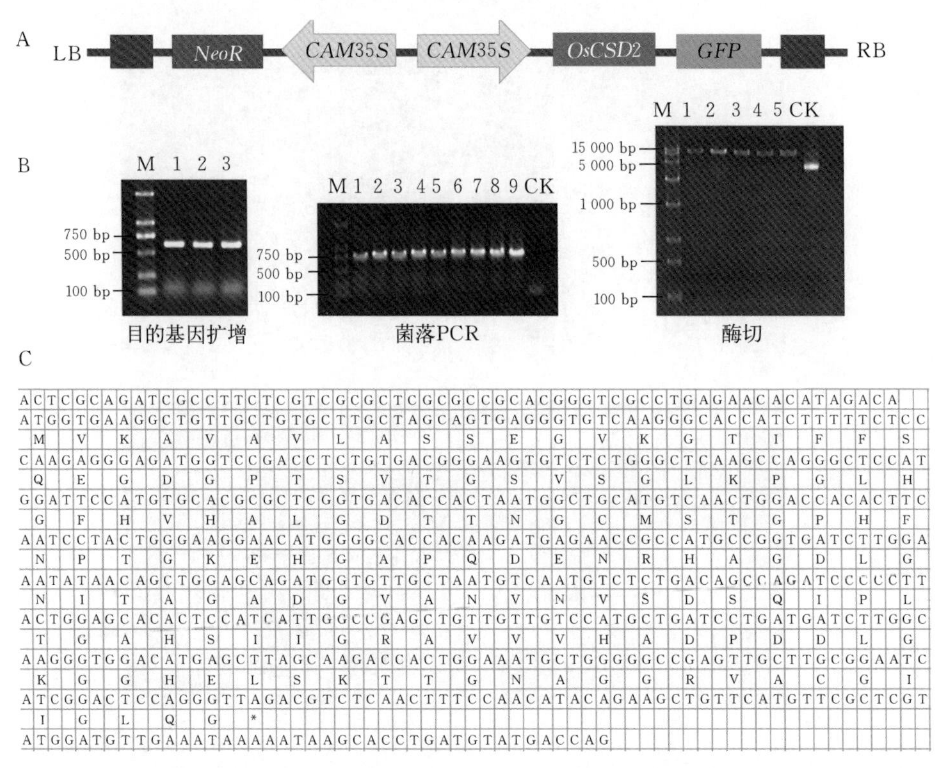

A 表示融合表达载体构建过程，B 中 M 表示 Mark，目的基因扩增中的 1～3 表示 PCR 产物，菌落 PCR 中的 1～9 表示阳性克隆、CK 表示阴性对照，酶切中 1～5 表示阴性对照，即未切开的质粒，CK 表示阳性切开的质粒；C 为 *OsCSD2* 基因 CDS 区核苷酸及编码氨基酸序列

图 4.7 *OsCSD2* 表达载体构建及其 CDS 区核苷酸及编码氨基酸序列

4.4 讨论

4.4.1 水稻 miR398a 与靶基因 *OsCSD2* 的靶向作用

植物中的 miRNA 与靶基因的序列通常以完全互补的方式进行配对，从而实现对靶基因的切割降解。然后某些 miRNA 与靶基因的序列也并不是完全配对，为了验证水稻 miR398a 与靶基因 *CSD2* 的切割位点，本研究利用 RLM－5′RACE 技术进行验证试验，结果发现，水稻 miR398a 与靶基因 *CSD2* 的切割位点可能有 2 个，这与传统的认识有些区别。然而据已有的研究报道，发现植物 miRNA 与靶基因的切割位点并不一定在 3′－UTR 区，也可以在靶基因的任何序列区域实现切割[3]。通过 RLM－5′RACE 证明，杨树（*Populus szechuanica*）中，miR482a 能对靶基因 *RPM1* 和 *RPS2* 切割[4]；在杜仲（*Eucommia ulmoides*）中，n－eu－miR15 能在特定位点切割 *GGPS6*[3]；在核桃（*Jug-*

lans regia）中，*SBP* 被证明为 jre - miR157a - 5p 的靶基因[5]。此外，利用烟草（*Nicotiana tabacum*）瞬时共转化试验技术在华东葡萄（*Vitis vinifera*）[6]、枳（*Poncirus trifoliata*）、柑橘（*Citrus reticulate*）[7]、黄瓜（*Cucumis sativus*）[8]等植物中均验证了 miRNAs 与靶基因间的互作。本研究在第 2 章首先通过生物信息学分析水稻 miR398a 与其靶基因 *OsCSD2* 的表达情况，本章再通过 RLM - 5′RACE 技术证实 miR398a 能在靶基因序列的特定位置实现对其切割，这就进一步明确了水稻 miR398a 与靶基因 *OsCSD2* 之间的靶向作用。

4.4.2　靶基因 *OsCSD2* 的敲除和克隆

为了在水稻 miR398a 与靶基因 *CSD2* 作用位点处实现碱基突变，探讨靶基因序列该位置突变后水稻在表型、耐热性功能等方面的变化，本章利用 CRISPR/Cas9 基因编辑技术分别在 miR398a 与 *CSD2* 的作用位点第 132bp 和编码区第 448bp 处选择靶序列，构建了 *CSD2 - T1*、*CSD2 - T2* 单靶点和 *CSD2 - T1T2* 双靶点的靶基因敲除载体，并通过遗传转化及相关的筛选检测等，最后获得 T - DNAfree 的 T2 代阳性突变体株系。对 T2 代突变体、野生型株系进行高温逆境胁迫处理，并对基因表达进行分析，发现与野生型相比较，*CSD2* 突变体株系耐热性明显减弱，而 *CSD2* 基因的相对表达量却下调，这说明靶基因 *CSD2* 的靶序列发生突变，从而引起了该基因的表达发生改变，导致突变体株系在高温胁迫下的抗逆性降低。这与拟南芥中关于 miR398 的靶基因 *CSD2* 突变后耐热性减弱的结果一致[9]。

此外，为了进一步研究靶基因 *CSD2* 生物学功能，对 *CSD2* 基因进行了克隆，获得包括该基因 CDS 序列全长的重组载体，对该基因编码蛋白氨基酸残基进行分析，发现该基因 CDS 序列全长为 459bp，编码蛋白比较稳定。

4.5　结论

本章通过 RLM - 5′RACE 技术实现了对水稻 miR398a 与靶基因 *CSD2* 具有切割位点的验证；并通过 *CRISPR/Cas9* 基因编辑技术在切割位点处设计靶序列，发现在 miR398a 与靶基因 *CSD2* 切割位点区域的碱基发生了突变，水稻突变体株系的表型、表达及耐热性等也发生了变化，从而推测水稻 *CSD2* 可能参与了高温逆境胁迫下的调控；此外，还对靶基因 *CSD2* 进行了克隆及生物信息学分析，为进一步对 *CSD2* 过表达后的耐热表型及生物学功能研究奠定了基础。

参考文献

[1] Li Y，Cao XL，Zhu Y，et al. Osa - miR398b boosts H_2O_2 production and rice blast disease - resistance via multiple superoxide dismutases. New Phytologist，2019，222（3）：1507 - 1522.

[2] 骆鹰，谢旻，张超，等．水稻 *Cu/Zn - SOD* 基因的克隆、表达及生物信息学分析，分子植物育种，2018，16（10）：3097 - 3105.

[3] 叶婧．杜仲橡胶生物合成相关 microRNA 及其靶基因的鉴定与功能分析．杨凌：西北农林科技大学，2017.

[4] 陈敏．受松—杨栅锈菌侵染的杨树 miRNA 表达特征及其调控作用．杨凌：西北农林科技大学，2017.

[5] 周丽．早实核桃雌花芽分化关键 microRNA 及其靶基因的识别、鉴定与表达分析．石河子：石河子大学，2019.

[6] 韩丽娟．华东葡萄‘白河- 35 - 1’抗白粉病相关 miRNA 的鉴定．杨凌：西北农林科技大学，2015.

[7] 宋长年．枳和柑橘 microRNA 及其靶基因的识别、鉴定与表达分析．南京：南京农业大学，2011.

[8] 王翔宇．黄瓜响应棒孢叶斑病菌侵染的转录组和 microRNAs 解析．沈阳：沈阳农业大学，2018.

[9] Guan QM，Lu XY，Zeng HT，et al. Heat stress induction of miR398 triggers a regulatory loop that is critical for thermotolerance in Arabidopsis. Plant Journal，2013，74（5）：840 - 851.

第 5 章 水稻 J 蛋白家族的鉴定及高温胁迫下表达分析

热激蛋白（heatshock protein，HSP）是植物为适应不断变化的环境诱导产生的一种抵御机制蛋白。最早有研究者在大肠杆菌中分离出一类分子量为 41kD 的热激蛋白，名为 HSP40，又称 DnaJ 蛋白或 J 蛋白[1]。J 蛋白作为 HSP70s 的分子伴侣在植物蛋白折叠、构型的维持、转运、组装、生长发育和应答各种非生物学胁迫方面发挥了关键作用。J 蛋白含有一个约为 70 个氨基酸残基组成的 J 结构域，该结构域由 4 个 α-螺旋和 1 个具有 His、Pro、Asp 序列的 HPD 模型组成[2]。根据保守区域特征，J 蛋白分为 A、B 和 C 三类：A 类 J 蛋白特征是 N-末端 α-螺旋状的 J 结构域、富含甘氨酸/苯丙氨酸（G/F）结构域、CxxCxGxG 锌指结构域以及 C-末端区；B 类 J 蛋白与 A 型 J 蛋白非常相似，但缺乏 CxxCxGxG 锌指结构域；C 类 J 蛋白仅含 J 结构域。此外，还发现 D 型 J 蛋白，它的结构和序列与 J 结构域相似，但不含有 HPD 模块，这类蛋白也称 J-like 蛋白[3]。根据结构域类型，水稻 J 蛋白可分为上述 A、B、C 三种类型[4]；然而，近年来一些新报道的水稻 J 蛋白未得到及时收集整理，其系统发生关系尚未清楚；尤其是水稻 J 蛋白应答高温胁迫的调控机制报道较少。因此，利用生物信息学、高通量测序及分子生物学技术对水稻 J 蛋白家族进行鉴定，并对基因结构特征、染色体定位、组织特异性表达等进行分析，有利于揭示 J 蛋白参与调控水稻应答高温胁迫的规律，这对农作物栽培改良、作物的引种驯化具有重要意义。

5.1 材料与方法

5.1.1 水稻 J 蛋白家族成员的鉴定

利用植物基因组数据库 Phytozomev12.1（https：//phytozome.jgj.doe.gov/pz/ portal.html＃！info？alias=Org_Osativa）对水稻 J 蛋白家族进行鉴定。首先，将 DnaJ 作为关键词，在 Phytozomev12.1 物种水稻子库的对话框中搜索 HSP40s 蛋白家族成员；然后通过 SMART 在线软件（http://smart.embl-heidelberg. de/）和 NCBI CD - Search 工具（https：//www. ncbi. nlm. nih. gov/Structure/cdd/wrpsb. cgi）[5]检验 HSP40s 候选蛋白，避免出现遗漏蛋白；最后，通过 NCBI BLASTp 程序（https：//blast. ncbi. nlm. nih. gov/Blast. cgi? PROGRAM＝blastp&PAGE _ TYPE＝BlastSearch& LINK _ LOC＝blasthome）将水稻 HSP40s 家族成员所有氨基酸序列分别与拟南芥 J 蛋白序列进行比对，进一步验证所查询的水稻 J 蛋白序列。

5.1.2　水稻 J 蛋白基因结构、保守结构域、系统发育分析

水稻 J 蛋白家族的外显子-内含子基因结构采用 Gene Structure Display Server GSDS 2.0 在线数据库（http://gsds. cbi. pku. edu. cn/index. php）进行分析[6]。通过 SMART 在线数据库（http://smart. embl - heidelberg. de/）、蛋白质家族数据库 Pfam（http://pfam. xfam. org/）和 NCBI Bach WebCD - Search（https：//www. ncbi. nlm. nih. gov/cdd）数据库对水稻 J 蛋白家族保守结构域进行分析。水稻 J 蛋白家族所有氨基酸序列的全长均用于系统发生分析，首先利用 ClustalX2.0 软件对所有氨基酸序列进行多重序列比对[7]，然后使用 MEGA6 软件构建系统发生树[8]，分析水稻 J 蛋白亚家族的系统进化情况。

5.1.3　水稻 J 蛋白的染色体定位

利用植物基因组数据库 Phytozomev12.1（https：//phytozome. jgj. doe. gov/pz/ portal. html＃！ info? alias＝Org _ Osativa）确定水稻 J 蛋白各家族成员分别在染色体上的位置。利用 MapChart 软件[9]绘制水稻 J 蛋白的染色体定位图。具有密切系统发育关系的串联基因位于约 100 kb 内的同一染色体位置[10]。

5.1.4　水稻 J 蛋白组织特异性表达分析

利用水稻 RiceXPro 数据库（http://ricexpro. dna. affrc. go. jp/）中 RXP _ 0001 对水稻 J 蛋白的组织特异性表达数据进行挖掘[11]，并将所提取的数据进行归一化处理；再利用 Multi Experiment Viewer（MeV，4.6.0）软件绘制组织特异性表达热图[12]。

5.1.5　高温胁迫处理及高通量测序分析

选择日本晴作为试验材料，水稻种子萌发后，在温室 28 ℃正常培养生长至两周（昼夜周期时间分别为 14 h/10 h），选取长势一致的水稻幼苗进行高温胁迫处理[13]。水稻幼苗在 45℃ 的人工气候箱进行高温胁迫处理[14]。每个胁迫

处理采样时间点分别为 0 h、1 h、3 h、6 h、12 h 和 24 h。分别提取样本总RNA，并进行高通量测序，试验中所有样本高通量测序数据上传到 NCBI SRA 中（SRA，https：//www.ncbi.nlm.nih.gov/Traces/study/?acc=PRJNA530826），在线登录号为 SRP190858。将所有高通量测序数据进行归一化处理，再利用 Multi Experiment Viewer（MeV，4.6.0）软件绘制基因表达热图[12]。

5.2　结果与讨论

5.2.1　水稻J蛋白家族的鉴定及分析

已有研究表明，水稻中含有104个J蛋白家族成员[4]。通过对水稻J蛋白的鉴定、序列比对及保守结构域的检验等，共获取115个水稻J蛋白家族成员，如表5.1所示，其中11个为新获取基因，分别为 *Os12g31460*、*Os08g03380*、*Os10g33790*、*Os01g70250*、*Os07g32950*、*Os07g43870*、*Os07g42800*、*Os03g27460*、*Os12g44260*、*Os03g19200* 和 *Os07g49000*。J蛋白家族成员之间的系统发生为其分类提供了新的依据，水稻J蛋白家族的分子量范围在10.20（*Os12g36180*）～287.69 kD（*Os10g42439*）。

表5.1　高温胁迫下水稻J蛋白家族成员相关信息

	基因 ID	染色体	基因定位	氨基酸长度	分子量（kD）	等电点	结构域	上/下调
	Clade Ⅰ							
寡基因进化支	*Os03g56540*	3	32208880 - 32210854	97	10.93	11.33		上调
	Os01g06454	1	3044348 - 3041412	113	12.07	10.60		上调
	Os07g09450	7	4981656 - 4977967	113	12.030	10.73		上调
	Os03g54150	3	31027479 - 31032567	613	67.04	4.75		下调
	* *Os12g31460*	12	18920690 - 18918230	236	25.21	4.53		上调
	Os11g43950	11	26542837 - 26549304	889	96.86	5.13	d1eq1a	下调
	Os12g36180	12	22180501 - 22173282	926	10.20	6.74		下调
	Os01g25320	1	14303222 - 14292067	949	104.27	4.75	d1eq1a	上调
	Os05g50370	5	28864052 - 28871102	1 424	157.29	5.02		下调
	Os01g44310	1	25425723 - 25417248	1 473	163.18	4.95		上调
	Os03g10180	3	5161510 - 5166769	608	66.47	5.62		下调
	Clade Ⅲ							
	Os01g01160	1	82428 - 84302	191	21.44	10.14		下调

（续）

	基因 ID	染色体	基因定位	氨基酸长度	分子量（kD）	等电点	结构域	上/下调
	Os08g43490	8	27507617 - 27508511	147	15.73	10.82		下调
	*Os01g70250	1	40677841 - 40674891	761	86.06	5.66	DUF3444	上调
	Os01g53020	1	30472593 - 30475205	343	38.11	8.34	Fer4 _ 13	上调
	Os05g45350	5	26314173 - 26311382	351	39.14	6.30	Fer4	下调
	Os04g57880	4	34489919 - 34492725	487	52.58	9.62	Fer4 _ 13	上调
	Os07g43330	7	25940608 - 25943189	271	31.19	9.97		下调
	Os03g20730	3	11731439 - 11730942	166	17.91	11.04		下调
	Os09g20320	9	12190875 - 12193475	330	36.24	10.22		/
	CladeⅣ							
	Os02g46640	2	28467362 - 28464489	122	14.21	6.50		下调
	Os02g52270	2	32003856 - 32001646	133	15.54	5.05		上调
	Os09g32050	9	19129934 - 19125390	396	44.17	4.87	DnaJ - X	上调
	Os08g41110	8	25979471 - 25984017	395	44.23	5.34	DnaJ - X	下调
	Os02g35000	2	20997195 - 20994336	378	42.48	5.25	DnaJ - X	上调
	Os05g46620	5	26995161 - 26991242	339	37.90	6.53	DnaJ - X	上调
寡基因进化支	Os01g50700	1	29119761 - 29124636	653	71.04	7.59	DnaJ - X，Dehydrin	下调
	Os01g42190	1	23911517 - 23913299	198	21.67	5.27		上调
	Os03g18870	3	10573269 - 10571639	167	17.99	5.96		上调
	Os08g35160	8	22159508 - 22161430	159	16.73	5.31		上调
	Os06g09560	6	4867843 - 4870168	236	24.53	4.23		上调
	Os02g54130	2	33175612 - 33169843	272	29.25	6.04		下调
	Os01g32870	1	18041759 - 18050240	404	44.95	6.11		上调
	Os02g50760	2	30994374 - 30998999	443	49.32	9.26		下调
	Os06g13060	6	7164156 - 7159988	436	49.13	8.80		上调
	CladeⅨ							
	Os12g41820	12	25907573 - 25901456	545	61.40	8.67	Jiv90	上调
	Os03g61730	3	34997730 - 34991850	726	80.04	9.43	Jiv90	上调
	*Os03g19200	3	10775798 - 10772280	669	70.56	10.25	TPR _ 1	下调
	*Os07g49000	7	29338447 - 29341163	604	64.18	8.62	d1qqea	下调
	Os05g31062	5	18052572 - 18056393	395	44.43	8.04	TPR	上调
	Os01g74580	1	43189156 - 43193534	472	52.83	6.91	TPR	上调
	Os02g10180	2	5336973 - 5331895	477	53.27	7.15	TPR	上调

（续）

	基因 ID	染色体	基因定位	氨基酸长度	分子量（kD）	等电点	结构域	上/下调
	CladeⅥ							
	Os03g12236	3	6421734 - 6426920	257	28.11	9.05		上调
	Os05g26902	5	15622604 - 15617643	448	48.21	10.15	DnaJ _ CXXCXGXG	上调
	Os05g26926	5	15638497 - 15635360	448	48.21	10.15	DnaJ _ CXXCXGXG	上调
	Os02g56040	2	34307729 - 34300624	488	52.01	9.18	DnaJ _ CXXCXGXG	上调
	Os06g02620	6	932583 - 927338	443	47.37	9.93	DnaJ _ CXXCXGXG	上调
	Os12g07060	12	3455589 - 3463158	420	45.69	8.58	DnaJ _ CXXCXGXG	上调
	Os06g11440	6	6050429 - 6036698	1 294	145.26	8.14	DnaJ _ CXXCXGXG	上调
	Os04g46390	4	27505490 - 27510048	417	47.14	7.00	DnaJ _ CXXCXGXG	下调
	Os02g43930	2	26519326 - 26523437	422	47.23	7.35	DnaJ _ CXXCXGXG	下调
	Os03g57340	3	32708411 - 32711331	418	46.69	6.08	DnaJ _ CXXCXGXG	上调
	Os03g44620	3	25127234 - 25131074	418	46.48	6.36	DnaJ _ CXXCXGXG	下调
	Os12g42440	12	26377868 - 26379849	468	49.39	4.86	DnaJ _ CXXCXGXG	/
	Os01g13760	1	7712339 - 7721253	350	38.53	9.58	DnaJ _ C	下调
	Os02g20394	2	12019009 - 12023447	350	38.53	9.08	DnaJ _ C	/
多基因进化支	*Os05g48810*	5	27974607 - 27972291	363	38.67	9.95	DnaJ _ C	上调
	Os05g03630	5	1553433 - 1557251	323	35.02	9.90	DnaJ _ C	/
	Os02g03600	2	1474710 - 1468977	390	42.99	9.47	DnaJ _ C	下调
	Os08g06460	8	3624999 - 3622704	343	38.20	9.98	DnaJ _ C	下调
	Os08g28700	8	17540911 - 17538199	345	37.05	5.31	DnaJ _ C	下调
	Os01g65480	1	38009626 - 38012278	328	36.05	9.56	DnaJ _ C	下调
	Os05g06440	5	3303197 - 3307713	348	39.27	6.88	DnaJ _ C	上调
	* *Os07g32950*	7	19692304 - 19695407	527	61.36	6.97	DnaJ _ C	上调
	* *Os07g43870*	7	26230679 - 26240915	689	77.85	6.29	d1mek	上调
	Os08g36980	8	23386887 - 23388722	175	19.29	4.39	zf - CSL	下调
	Os09g28590	9	17393569 - 17395622	197	22.12	4.57	zf - CSL	上调
	CladeⅦ							
	Os03g62150	3	35207543 - 35208331	263	28.24	8.69		/
	Os08g37270	8	23557556 - 23559107	397	41.57	9.83	AT _ hook	/
	Os09g28890	9	17556929 - 17558591	373	39.49	8.63	AT _ hook	上调
	* *Os07g42800*	7	25636703 - 25639894	397	41.41	6.97		上调

（续）

	基因 ID	染色体	基因定位	氨基酸长度	分子量（kD）	等电点	结构域	上/下调
多基因进化支	*Os03g27460	3	15756106 - 15751337	406	42.38	6.90		下调
	Os11g37000	11	21839186 - 21843540	625	69.49	6.09		/
	Os01g27740	1	15478322 - 15474284	1009	113.41	8.19	DUF3444	上调
	Os11g36960	11	21806099 - 21809530	1053	119.02	6.80	DUF3444	上调
	Os06g34440	6	20042684 - 20034666	1019	113.28	6.84	DUF3444	下调
	Os04g31940	4	19130179 - 19133059	730	81.73	9.23	DUF3444	下调
	Os02g30620	2	18227411 - 18230654	735	82.39	9.24	DUF3444	下调
	Os03g28310	3	16297124 - 16293645	749	83.40	7.73	DUF3444	上调
	Os01g69930	1	40438233 - 40442444	745	83.44	9.12	DUF3444	/
	Os01g37560	1	20987760 - 20992534	381	42.74	8.20	DUF1977	上调
	Os05g30130	5	17445927 - 17441559	368	42.59	9.77	DUF1977	下调
	*Os12g44260	12	27442429 - 27441760	163	17.03	9.36		/
	Os03g62130	3	35202558 - 35203388	277	29.78	8.64		/
	Os03g62140	3	35205727 - 35206590	288	30.86	8.49		/
	Os03g62120	3	35198684 - 35201378	478	50.23	10.14		/
	Os10g11012	10	6097287 - 6093142	374	40.06	7.50		/
	Os10g03610	10	1561403 - 1562164	254	27.56	10.83		/
	Os03g36160	3	20061677 - 20062555	293	31.71	9.83		/
	Os11g36530	11	21556427 - 21552630	291	31.81	8.07		/
	Os03g61550	3	34904864 - 34906089	261	28.63	10.75		/
单基因进化支	Clade Ⅱ							
	Os12g27070	12	15851558 - 15848618	261	29.05	8.86	HSCB_C	下调
	*Os08g03380	8	1584989 - 1580877	294	32.46	9.82		上调
	*Os10g33790	10	17910800 - 17905866	299	32.61	9.92		上调
	Os03g04400	3	2022080 - 2018676	297	32.30	9.50	RRM	下调
	Clade Ⅴ							
	Os01g17030	1	9754542 - 9755797	151	15.66	10.53		/
	Os01g17040	1	9764973 - 9766481	212	22.95	9.84		/
	Os10g36370	10	19439780 - 19430957	541	60.14	8.93	DUF3395	上调
	Os03g55360	3	31495921 - 31500606	506	57.03	7.91		上调
	Os07g44310	7	26471576 - 26473120	135	14.94	10.86		下调

（续）

	基因 ID	染色体	基因定位	氨基酸长度	分子量（kD）	等电点	结构域	上/下调
	Os12g31840	12	19158097 - 19161631	608	68.21	5.47	DnaJ _ CXXCXGXG	下调
	Os06g44160	6	26647896 - 26646324	143	16.09	6.94		下调
	Os03g60790	3	34539517 - 34541043	269	29.65	7.73		上调
	Os04g24180	4	13834743 - 13841261	682	76.24	5.96	Sec63	上调
	Os03g15480	3	8501364 - 8505676	299	34.56	10.19		下调
	Os01g33800	1	18600976 - 18611575	604	67.63	9.76	DUF3752	上调
	Os02g10220	2	5351467 - 5355147	283	32.45	7.43		上调
单基因进化支	*Os12g15590*	12	8915106 - 8906426	310	36.16	9.68		上调
	Os03g18200	3	10204819 - 10210306	664	72.12	9.87	3APQlB	下调
	Clade Ⅷ							
	Os04g59060	4	35132608 - 35128585	275	31.35	10.29		上调
	Os05g01590	5	351640 - 354043	231	26.20	9.87		上调
	Os07g28800	7	16867122 - 16863279	270	31.41	9.14		上调
	Os10g42439	10	22875955 - 22861341	2633	287.69	6.36	DUF4339，ARM	上调
	Os03g51830	3	29724283 - 29729904	239	28.06	10.16		上调
	Os07g03270	7	23557556 - 23559107	397	41.57	9.83		下调

注：“*”表示新获取的基因，“/”表示高通量测序时未检测到基因表达信号。

5.2.2 水稻J蛋白基因结构、蛋白结构域及系统发生分析

为了探究水稻J蛋白家族成员的进化关系，对所获取的115个J蛋白氨基酸序列进行比对分析，并构建系统发生树（图5.1）。已有研究表明，拟南芥和甘蓝J蛋白家族在系统进化方面共有15个主要进化支，其中多基因进化支（multi - geneclades）基因超过10个，寡基因进化支（oligo - geneclades）为2～7个，单基因进化支（mono - geneclades）为单个成员[5]。根据系统发生关系，本研究的115个J蛋白可以分为9个进化支，即Clade Ⅰ～Ⅸ。基因“外显子-内含子”结构在多基因家族系统进化中起着重要的作用[15]，水稻J蛋白家族中无内含子结构的基因占20.00%，此结果与拟南芥（22.22%）和甘蓝（23.26%）基本一致[5]。J蛋白基因结构所含内含子数目与该蛋白所含DnaJ结构域的相关性，进一步证明本研究系统进化分类的可靠性。据报道，植物基

因结构中无内含子或含有少数内含子，则该基因的转录表达水平显著增强[16-17]，在无内含子基因结构的协助下，植物基因快速被激活，从而参与调控应答周围各种逆境胁迫[18]。

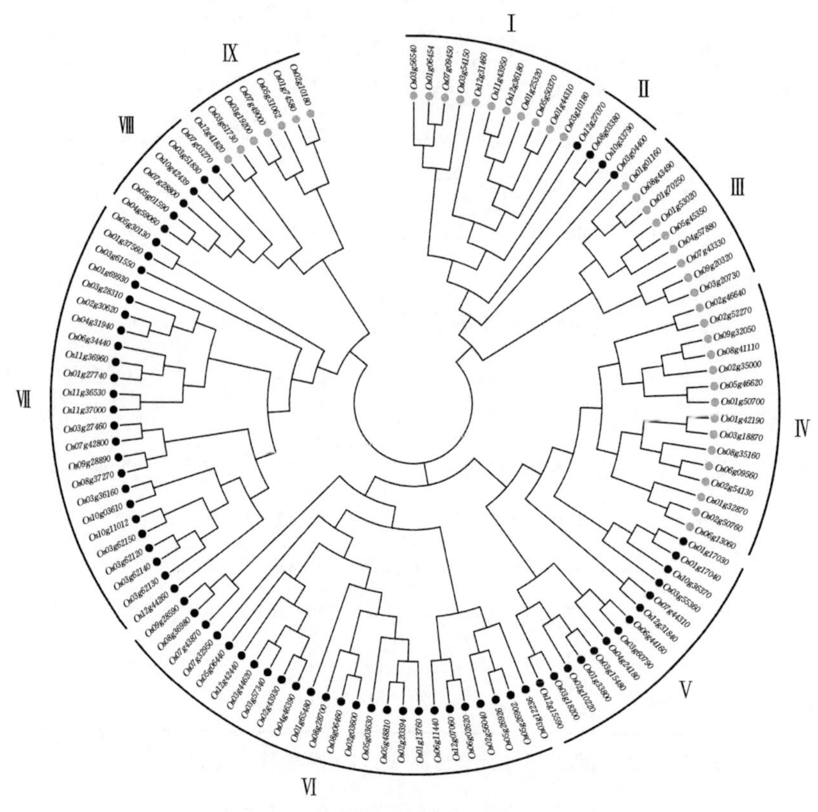

图 5.1　水稻 J 蛋白家族系统进化分析

水稻 J 蛋白寡基因进化支（oligo - geneclades）由 CladeⅠ、CladeⅢ、CladeⅣ和 CladeⅨ分支组成（图 5.2），除 *Os 03g56540*、*Os 01g06454* 和 *Os 07g09450*（1 个内含子）外，CladeⅠ分支基因均由多个内含子组成；该分支大多数蛋白成员只有C-末端含有 DnaJ 结构域，而 *Os 11g43950* 和 *Os 01g25320* 基因在 DnaJ 结构域前面还含有 d1eq1a 结构域。在 CladeⅢ分支中，所有蛋白 DnaJ 结构域位于该基因中心区域，而 *Os 01g53020* 和 *Os 04g57880* 基因还含有 Fer4 _ 13 结构域，且分布于 DnaJ 结构域之后。Fer4 _ 13 结构域最先在硫酸盐还原菌中被发现[19]，该细菌含有一个 4Fe - 4S 结构簇[20]，这可能是通过水平基因转移而获得[21]。CladeⅣ分支基因均含 4～10 个内含子，且所有 DnaJ 结构域位于 N - 末端。*Os 09g32050*、*Os 08g41110*、*Os 02g35000*、*Os 05g46620* 和 *Os 01g50700* 基因还含有未知功能的 DnaJ - Ⅹ结构域。CladeⅨ分支除 *Os 03g19200*

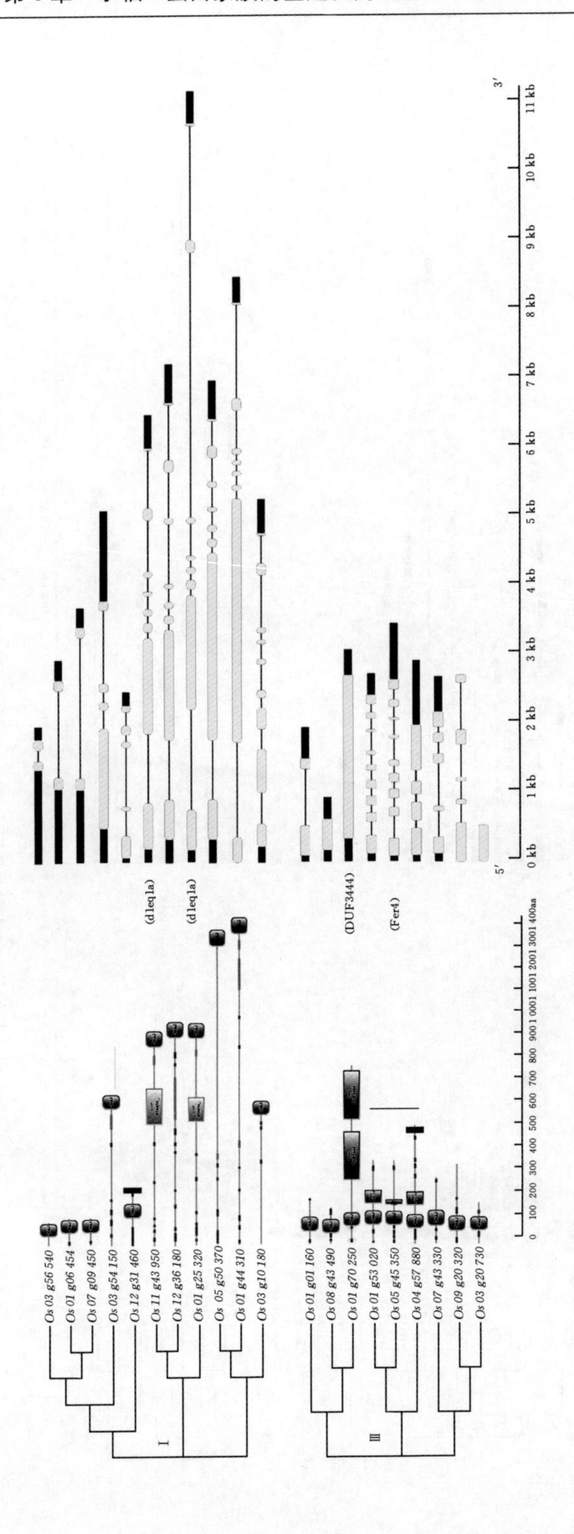
Os 03 g56 540
Os 01 g06 454
Os 07 g09 450
Os 03 g54 150
Os 12 g31 460
Os 11 g43 950
Os 12 g36 180
Os 01 g25 320
Os 05 g50 370
Os 01 g44 310
Os 03 g10 180
Os 01 g01 160
Os 08 g43 490
Os 01 g70 250
Os 01 g53 020
Os 05 g45 350
Os 04 g57 880
Os 07 g43 330
Os 09 g20 320
Os 03 g20 730
I
III
(d1eq1a)
(d1eq1a)
(DUF3444)
(Fer4)
5'
3'
0 kb
1 kb
2 kb
3 kb
4 kb
5 kb
6 kb
7 kb
8 kb
9 kb
10 kb
11 kb

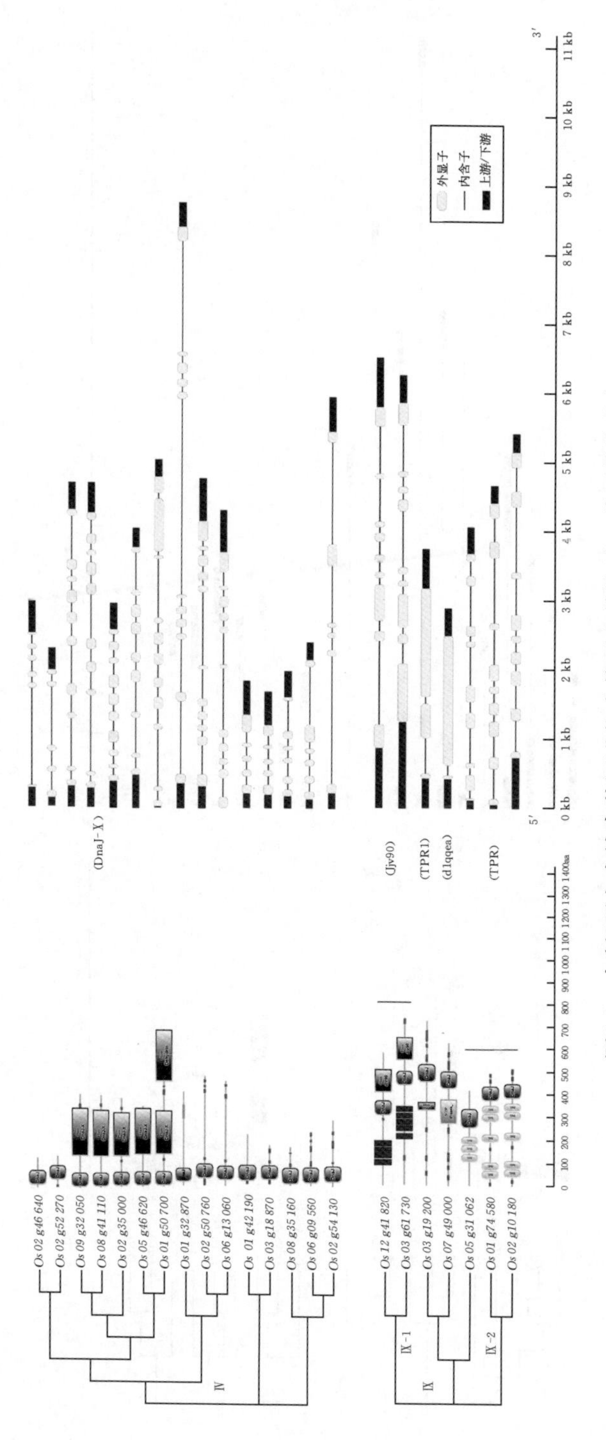

图5.2 水稻J蛋白家族寡基因进化支的蛋白结构域、基因结构分析

和*Os07g49000*外，其他均含有8个内含子，该分支进化为两个亚支，即CladeⅨ-1、CladeⅨ-2。CladeⅨ-1中基因DnaJ结构域位于跨膜结构域（TMD）和Jiv90结构域之间。CladeⅨ-2分支基因DnaJ结构域位于C-端，且在DnaJ结构域前面还含有多个四肽重复序列（TPR）。TPR结构域是广泛存在于蛋白质中的基序，能介导蛋白间的相互作用[22]，且与各种蛋白结构域结合，执行不同蛋白质的功能[23]。

水稻J蛋白多基因进化支（multi-geneclades）可分为CladeⅥ、CladeⅦ分支（图5.3）。CladeⅥ分支基因既含DnaJ结构域，还含DnaJC-末端结构域，即DnaJ _ C（除*Os03g12236*、*Os07g43870*、*Os08g36980*和*Os09g28590*基因外）。CladeⅦ进化为两个亚支，即CladeⅥ-1和CladeⅥ-2，两个亚支分别由12～13个蛋白家族成员组成。除*Os07g43870*、*Os05g06440*外，CladeⅥ-1亚支基因通常比CladeⅥ-2含有更多的内含子。CladeⅥ-1亚支基因一般含有DnaJ _ CXXCXGXG结构域，该结构域包含4个富含半胱氨酸重复序列CXXCXGXG，并嵌入N-端DnaJ _ C。*Os07g43870*、*Os05g06440*基因具有zf-CSL结构域，该结构域含有4个保守的半胱氨酸残基，并与单个锌离子螯合[24]。CladeⅦ进化为三个亚支，即CladeⅦ-1、CladeⅦ-2和CladeⅦ-3，大多数基因结构无内含子，或含少数内含子。CaldeⅦ-1亚支基因大多数具有单个未知功能的DUF1977结构域，或单个/两个C-末端DUF3444结构域。然而，*Os08g37270*、*Os09g28890*基因C-末端还含有DNA结合结构域A/T富集区域（AT _ hook），该结构最先在哺乳动物HMGI/Y蛋白中被发现[25]。CladeⅦ-3亚支基因只含单个DnaJ结构域（除*Os03g62120*外），无AT _ hook、DUF1977和DUF3444结构域。

水稻J蛋白单基因进化支（mono-geneclades）包括CladeⅡ、CladeⅤ和CladeⅧ分支（图5.4），该进化支所有基因结构中都含有多个内含子，每个基因代表一个单独的分支，亲缘关系近的具有相似的基因结构和蛋白结构域。本研究重点关注一些特殊的蛋白，例如CladeⅡ分支的*Os12g27070*基因含有发现于热激同源蛋白B中的C-末端HSCB _ C结构域[26]；而*Os03g04400*基因含有C-末端识别基序RRM，该结构域最先在RNA和DNA结合蛋白中被发现[27]；*Os08g03380*和*Os10g33790*基因均含有两个C-末端跨膜结构域TMD。CladeⅤ分支的*Os12g31840*基因含有2个锌指结构域（ZnF _ C2HC），分别位于基因中心区域和C-末端；而*Os10g36370*、*Os01g33800*基因分别含有未知功能的C-末端DUF3395和DUF3752结构域；*Os04g24180*基因在N-末端含有2个跨膜结构域TMD，在C-末端处含有1个Sec63结构域，Sec63结构域以酵母Sec63p命名，可能参与分泌蛋白和跨膜蛋白的生物发生[28]；*Os01g17030*、*Os01g17040*基因含有1个C-末端跨膜结构域TMD；*Os12g15590*基因含有2个C-末端跨膜结构域TMD。CladeⅧ分支的*Os10g42439*基因含有1个未知功

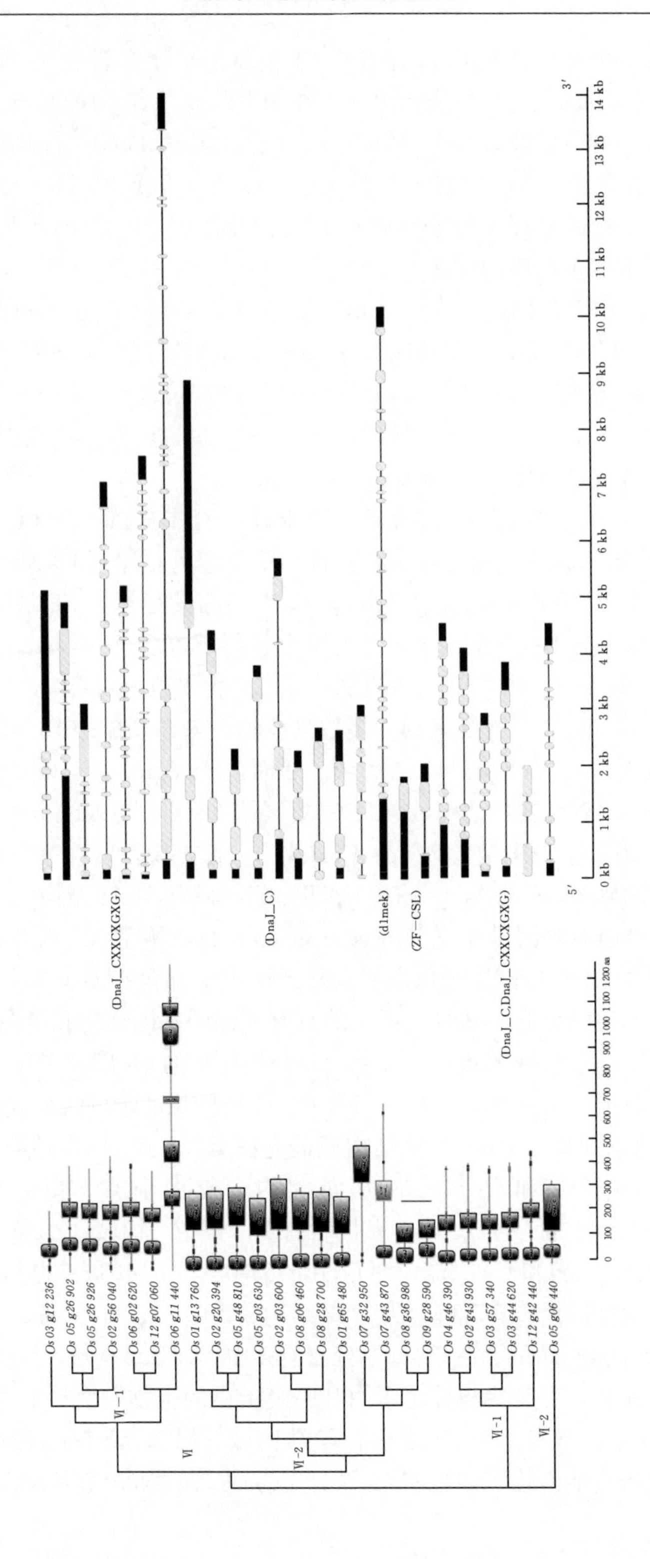

Os 03 g12 236
Os 05 g26 902
Os 05 g26 926
Os 02 g56 040
Os 06 g02 620
Os 12 g07 060
Os 06 g11 440
Os 01 g13 760
Os 02 g20 394
Os 05 g48 810
Os 05 g03 630
Os 02 g03 600
Os 08 g06 460
Os 08 g28 700
Os 01 g65 480
Os 07 g32 950
Os 07 g43 870
Os 08 g36 980
Os 09 g28 590
Os 04 g46 390
Os 02 g43 930
Os 03 g57 340
Os 03 g44 620
Os 12 g42 440
Os 05 g06 440
Ⅵ−1
Ⅵ
Ⅵ−2
Ⅵ-1
Ⅵ-2
(DnaJ_CXXCXGXG)
(DnaJ_C)
(d1mek)
(ZF−CSL)
(DnaJ_C,DnaJ_CXXCXGXG)
0 100 200 300 400 500 600 700 800 900 1000 1100 1200 aa
5′
3′
0 kb
1 kb
2 kb
3 kb
4 kb
5 kb
6 kb
7 kb
8 kb
9 kb
10 kb
11 kb
12 kb
13 kb
14 kb

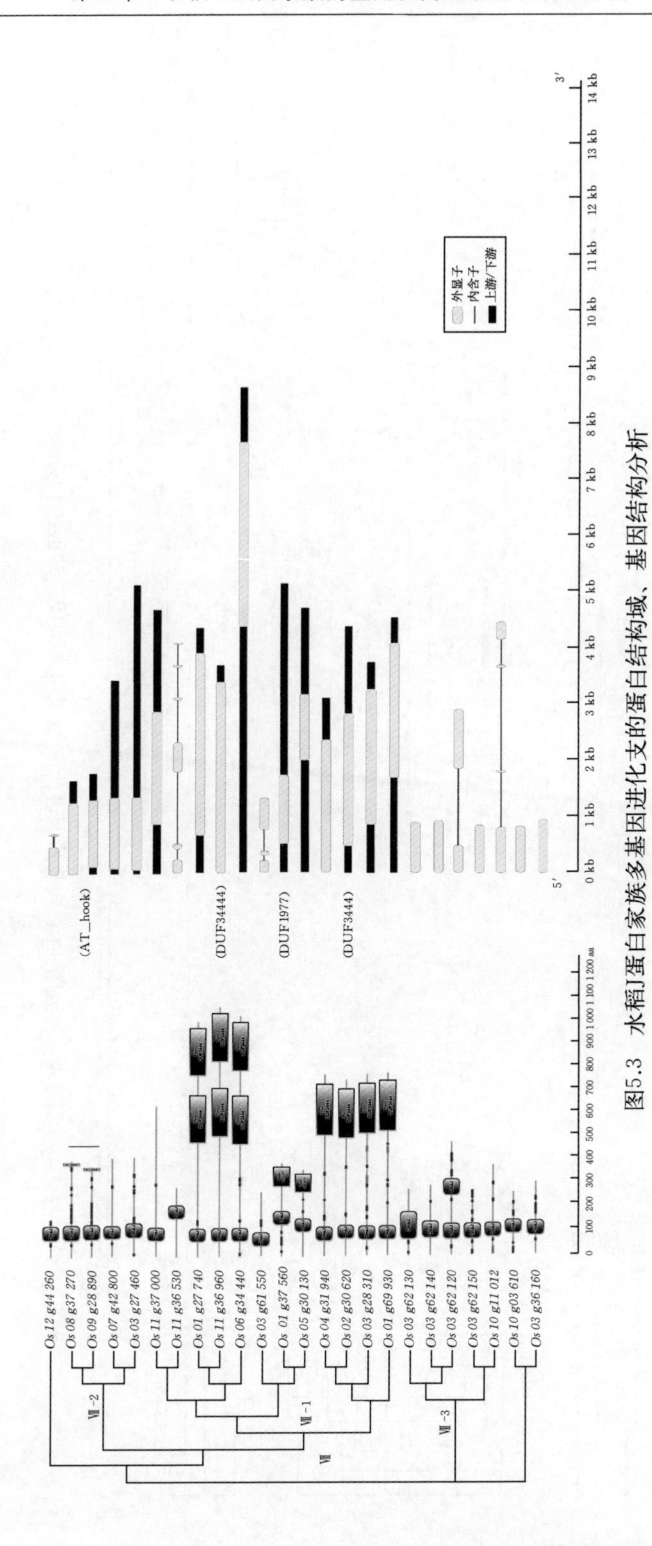

图5.3　水稻J蛋白家族多基因进化支的蛋白结构域、基因结构分析

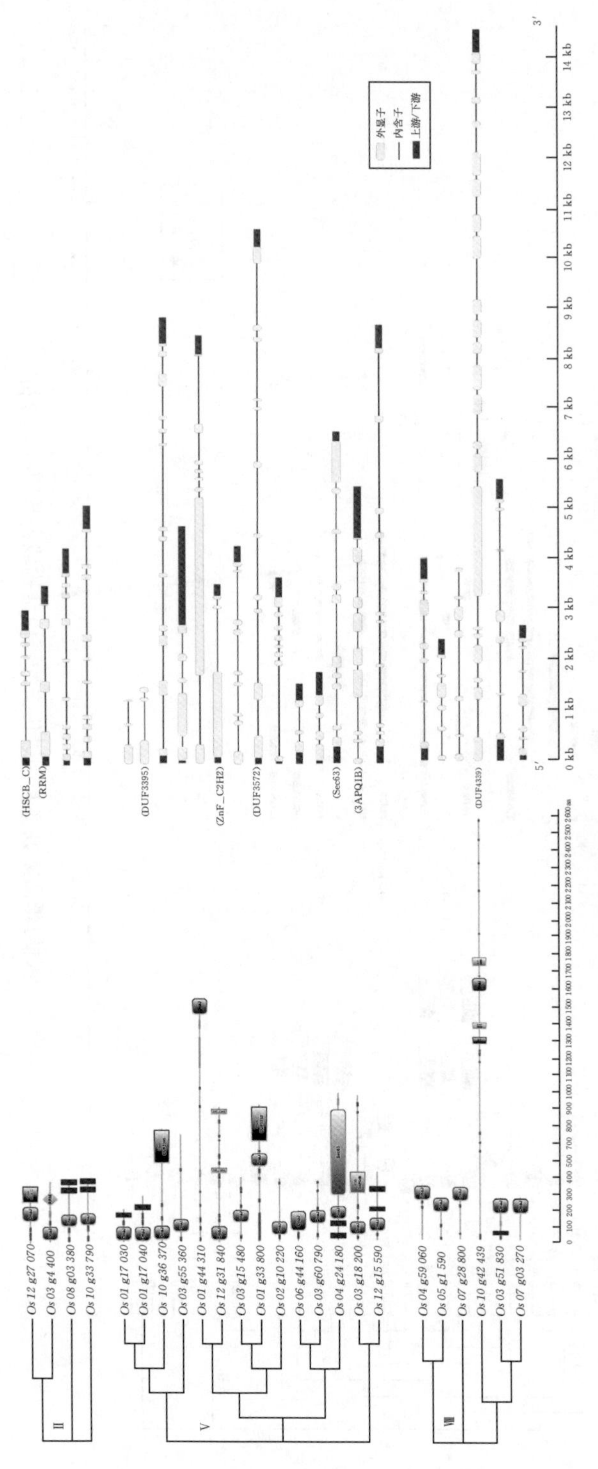

图5.4 水稻J蛋白家族单基因进化支的蛋白结构域、基因结构分析

能的DUF4339结构域、1个典型的DnaJ结构域和2个ARM（armadillo）结构域，该结构域是串联重复序列，可能参与Wingless/Wnt信号的转导[29]。

5.2.3　水稻J蛋白家族的染色体定位

本研究所鉴定的115个水稻J蛋白家族随机分布于水稻染色体上（图5.5），

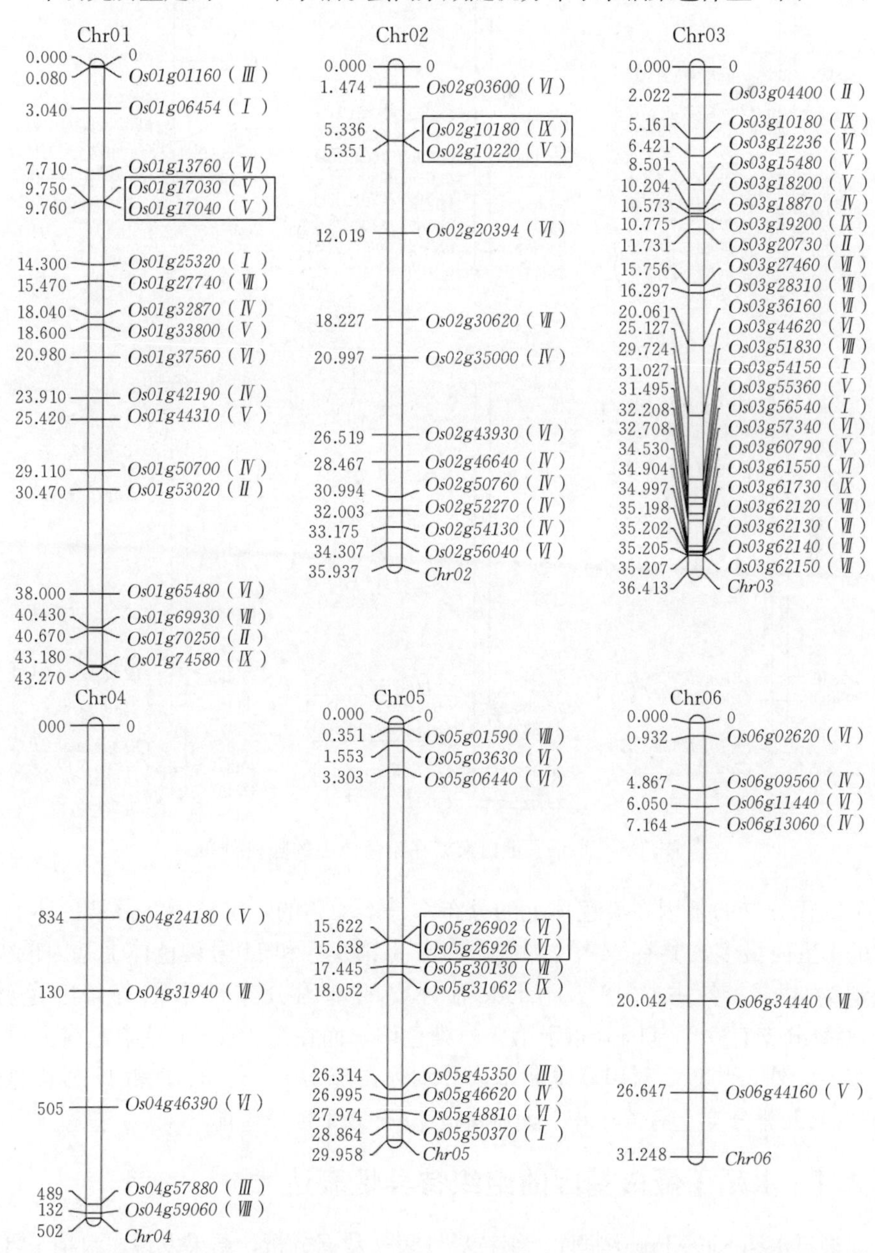

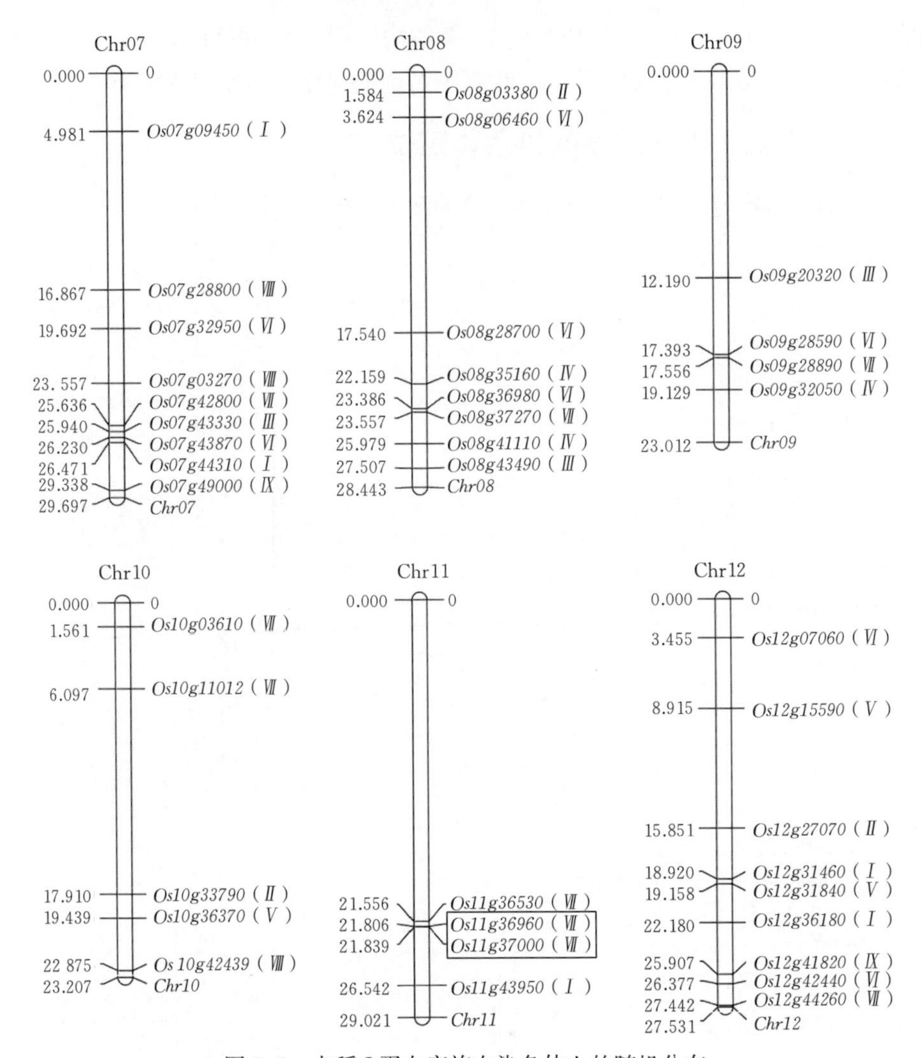

图 5.5 水稻 J 蛋白家族在染色体上的随机分布

每个进化分支的基因在染色体上的分布都是不均匀的，水稻第 3 号染色体上分布的 J 蛋白最多，共有 24 个，占 20.87%；第 9 号和 11 号染色体上基因最少，分别为 4 个，各占 3.48%。Clade Ⅶ 分支的基因分布于水稻每条染色体；Clade Ⅵ 分支有 5 个基因分布于第 5 号染色体，而在第 10、11 号染色体上没有分布。此外，共有 5 对串联复制基因分别存在于第 1、2、3、5 和 11 号染色体上；Clade Ⅶ 分支上有 4 个串联复制基因位于第 3 号染色体。

5.2.4 水稻 J 蛋白基因的组织特异性表达

通过水稻 RiceXPro 数据库组织特异性表达数据分析，结果发现，水稻 J 蛋白家族成员具有不同的组织表达模式（图 5.6），其中 *Os08g41110*、*Os05g46620*、*Os04g46390*、*Os03g57340*、*Os03g44620*、*Os02g43930*、*Os04g31940*、*Os03g15480* 基因在水稻根、茎、叶等不同组织器官中均有较高的转录表达水平，且大多数基因除含有 DnaJ 结构域外，还含其他结构域；而其他 40 个基因组织特异性表达水平较低。*Os01g53020*、*Os01g01160*、*Os07g43330*、*Os02g52270* 和 *Os02g10180* 基

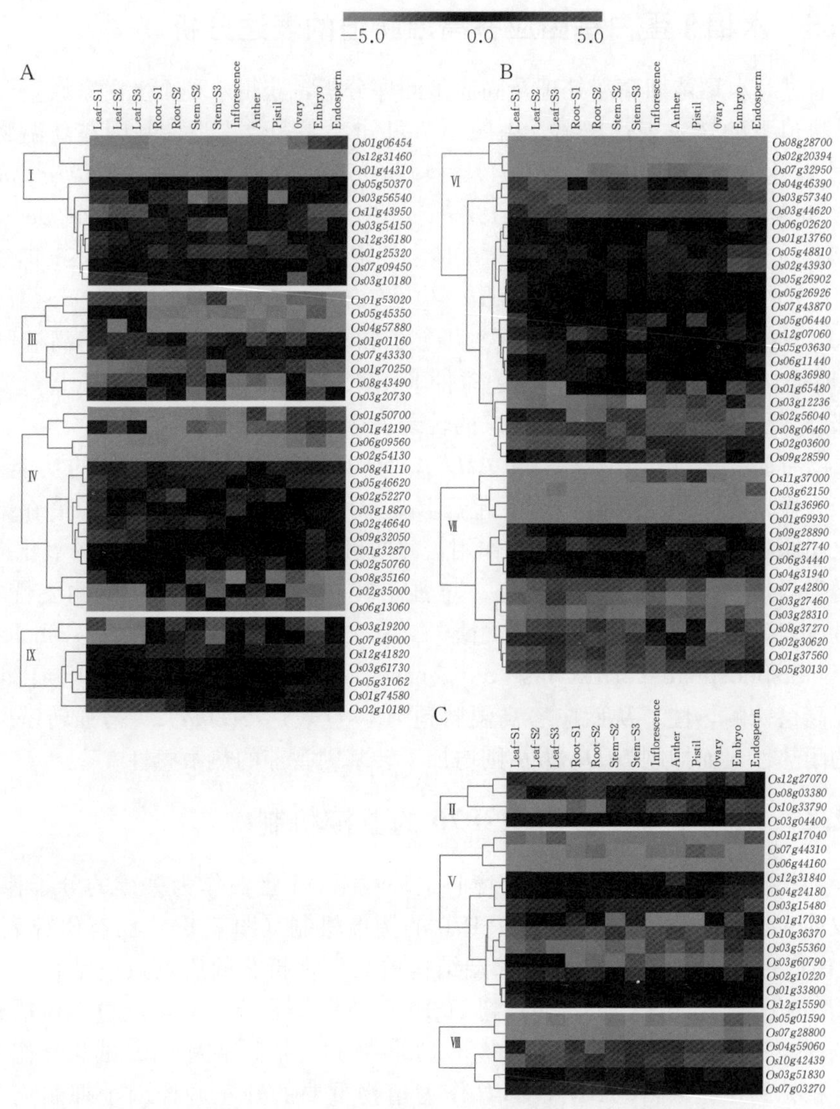

A、B、C 分别为寡基因、多基因和单基因进化支。S1 营养期，S2 生殖期，S3 成熟期。深色和浅色分别表示 13 个组织中高表达水平和低表达水平

图 5.6　水稻 J 蛋白家族的组织特异性表达

因仅在叶片中表达量较多。*Os01g50700*、*Os01g42190*、*Os02g46640* 和 *Os12g07060* 基因在胚、胚乳中的表达量较其他组织多。与辣椒（*Capsicumannuum* L.）J 蛋白基因表达比较，其中 8 个管家基因表现出相似的组织特异性表达活性[30]。此外，由图 5.6 可知，共有 61 个水稻 J 蛋白至少在其中任一组织中具有显著表达，这些基因可能参与调控水稻的生长发育。

5.2.5 水稻 J 蛋白基因应答高温胁迫的表达分析

通过对水稻苗期高温处理及高通量测序分析，获得水稻 J 蛋白家族基因在高温胁迫下的转录表达图谱。由图 5.7 可知，大多数 J 蛋白基因在高温胁迫 6 h时表达上调，其中 *Os03g56540*、*Os05g45350*、*Os02g54130*、*Os06g09560*、*Os03g18200*、*Os03g57340*、*Os01g13760*、*Os05g48810*、*Os06g02620*、*Os05g06440* 和 *Os01g74580* 基因在高温处理 1 h 时，其转录表达水平最高，而在 3 h 时表达下调；其中 *Os02g03600*、*Os03g28310*、*Os03g56540*、*Os01g42190*、*Os06g44160*、*Os03g15480*、*Os03g51830*、*Os03g04400* 和 *Os01g50700* 等基因在高温胁迫 24 h时表达上调。此外，高温胁迫条件下，CladeⅦ、CladeⅧ、CladeⅨ分支中大部分 J 蛋白基因在各胁迫时间点的转录表达水平值低于对照组。

已有研究表明，*AtDjA2* 和 *AtDjA3* 具有提高拟南芥耐热性的功能[31]，*TMS1* 在拟南芥花粉管耐热性中起着重要作用[32]；而拟南芥 *AtDjB1* 在维持氧化还原稳态中起着至关重要的作用，并通过保护细胞免受热诱导的氧化损伤来增强耐热性[33]；过表达 *LeCDJ1* 增强了转基因番茄对热胁迫的耐受性[34]；通过过表达番茄 *SlCDJ2* 保护核酮糖-1，5-二磷酸羧化酶/加氧酶（Ribulose-1，5-bisphosphate carboxylase/oxygenase，Rubisco）活性和维持碳同化能力来提高植株耐热性，从而应答高温胁迫[35]。过表达 *SlDnaJ20* 增强转基因番茄的耐热性，而抑制 *SlDnaJ20* 则增加了转基因番茄的热敏感性[36]。

5.2.6 水稻 J 蛋白参与 HSP70 的调控机制

在植物的生殖发育期间或逆境胁迫环境下，J 蛋白作为关键的分子伴侣，不仅能应答高温胁迫，还参与 HSP70 的调控机制（图 5.8）。已有研究表明，J 蛋白通过锌指结构域，或 C-末端结构域与异常折叠的底物蛋白结合，并与 HSP70 相互作用将底物蛋白转移到 HSP70-ATP（图 5.8A），此过程包括五个步骤[37]。拟南芥 *DNAJ HOMOLOG3*（*J3*）通过与抑制基因 *SVP* 的相互作用来介导植株的开花（图 5.8B），*SVP* 作为植物重要的开花调控因子抑制 *FT* 和 *SOC1* 基因的表达，因此，*J3* 可以通过上调 *SOC1* 和 *FT* 基因表达来促进植物开花[38]。油菜素唑不敏感长下胚轴基因（brz-insensitive-longhypocotyls，BIL2-1d）采用油菜素唑（Brz）介导的化学遗传学法鉴定[39]，而 *BIL2* 编码

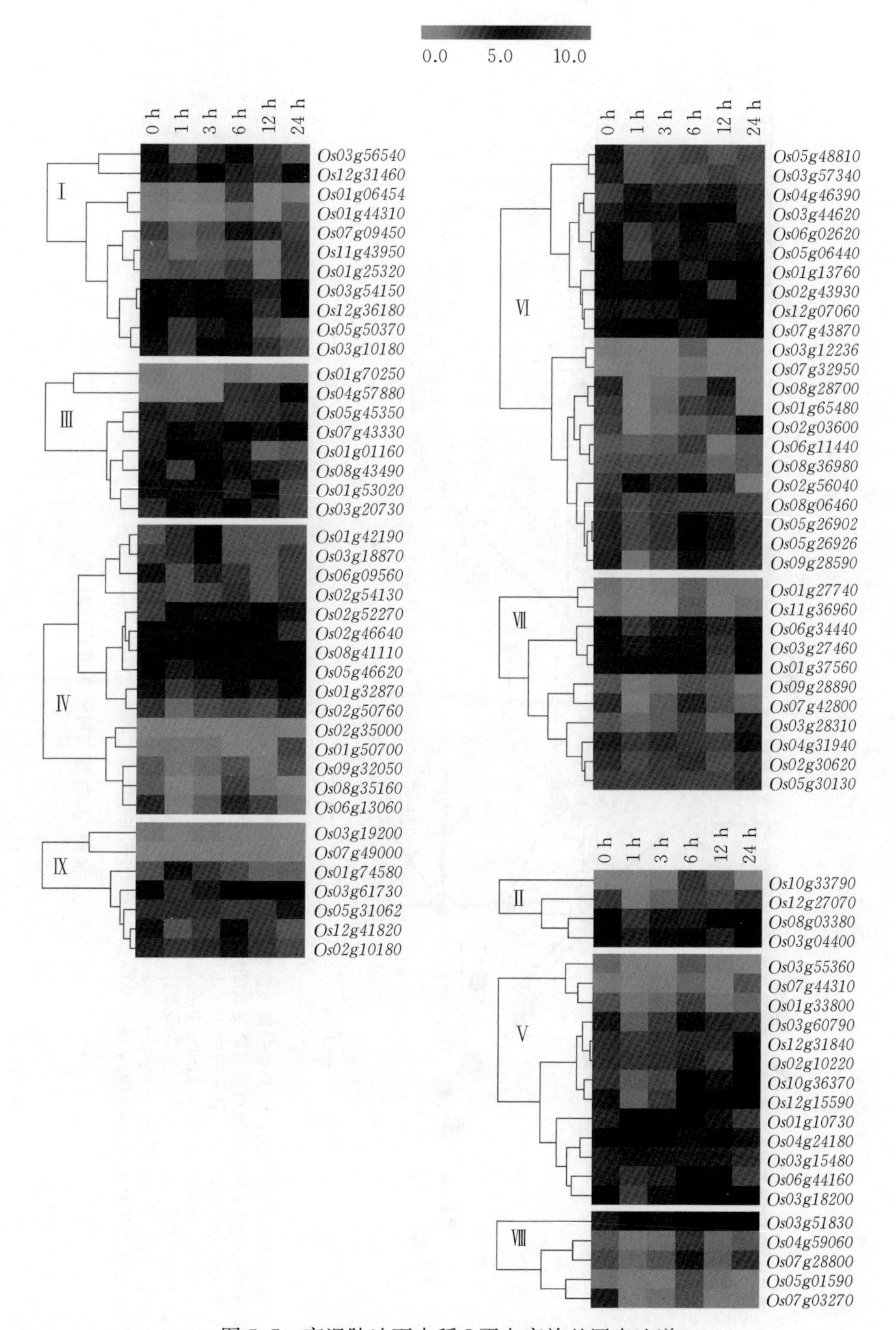

图5.7 高温胁迫下水稻J蛋白家族基因表达谱

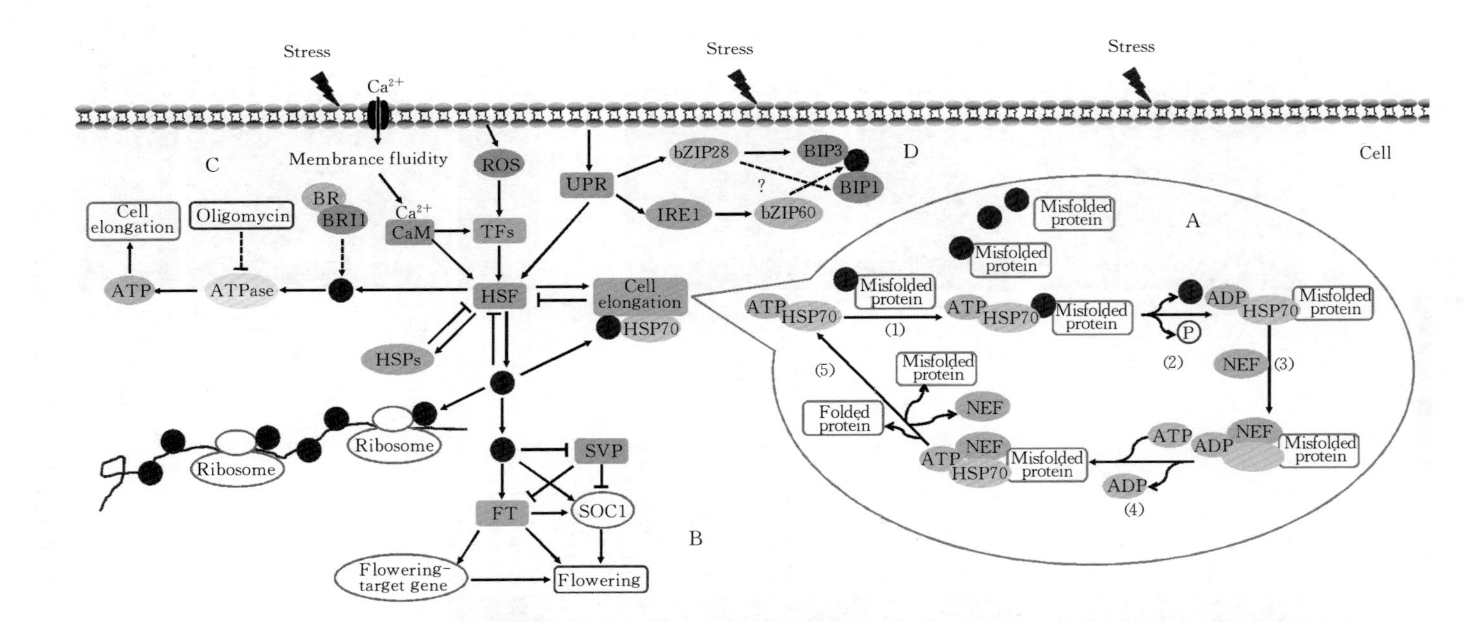

A. HSP70作用机制；B. J3蛋白通过激活SVP活性调节*SOC1*和*FT*的转录来调控开花时间；C. *BIL2* 通过BR信号转导诱导细胞伸长，促进线粒体ATP合成；D. ER胁迫响应通路可能导致细胞存活或死亡。Stress：胁迫；Misfolded protein：错误折叠蛋白；Folded protein：折叠蛋白；Flowering：开花；Target protein/gene：靶蛋白/基因；Ribosome：核糖体；Membrane fluidity：膜流动；J：J蛋白；ROS：活性氧；Cam：Ca^{2+}-钙调素；TFS：转录因子；HSF：热激转录因子；HSP：热激蛋白；UPR：未折叠蛋白反应；BR：油菜素内酯；BRI1：油菜素内酯不敏感1；Oligomycin：寡霉素；Cell elongation：细胞伸长；ATP：三磷酸腺苷；ADP：二磷酸腺苷；bZIP：碱性亮氨酸拉链蛋白；BIP：结合免疫球蛋白；IRE1：肌醇需要酶1；SVP：短营养期；*FT*：开花激活子；Flowering -target gene：开花靶基因；*SCO1*：抑制素1过表达；NEF：核苷酸交换因子；箭头表示正向调节，条形表示负向调节，虚线箭头表示可能但尚未明确证明的途径，(?)表示未知调控关系

图5.8 水稻J蛋白参与HSP70的调控机制

的线粒体定位J蛋白家族参与蛋白质折叠（图5.8C）。此外，*BIL2*作用于下游油菜素内酯受体BRI1（brassinosteoid insensitive1）蛋白促进线粒体中ATP的合成，从而诱导细胞伸长，并参与抗盐和强光胁迫。已有研究表明，拟南芥DnaJ蛋白TMS1（thermosensitive male sterile1）编码与拟南芥AtERdj3A的同源蛋白HSP，并在花粉管及其他植物组织耐热性中发挥重要作用[40-41]。内质网应激机制的启动有两种方式（图5.8 D），一种为膜相关转录因子，如bZIP28；另一种为膜相关具双重功能的蛋白激酶/核糖核酸酶，称为需肌醇酶1（IRE1），其组装拼接的mRNA编码bZIP60蛋白[40]。在内质网中，bZIP28和IRE1被积累的异常折叠蛋白激活，bZIP28从内质网转移到高尔基体，在其N-末端组分释放于细胞质之后，其他组分被运输至细胞核。bZIP28一旦被激活，IRE1组装bZIP60所编码的mRNA会产生移码，从而被诱导产生一个携带核靶向信号的转录因子。bZIP28和bZIP60能形成异二聚体，这两种内质网应激机制可能在异二聚体形成时发生聚合，从而上调胁迫应答基因的表达。TMS1的DnaJ结构域能与免疫球蛋白结合蛋白1（binding immunoglobulin proteins1，BiP1）和免疫球蛋白结合蛋白3（binding immunoglobulin proteins3，BiP3）相互作用，并激活其ATP酶活性，从而导致未折叠和异常折叠的蛋白降解[41]。此外，TMS1可能在bZIP28和bZIP60的下游发挥作用，从而参与植物的耐热性调控。

5.3 结论

综上所述，本章研究共鉴定115个水稻J蛋白，根据系统发生关系，这些蛋白家族成员可分为寡基因、多基因和单基因进化支，共9个分支（即Clades Ⅰ~Ⅸ），且随机分布于水稻的12条染色体上。基因结构分析表明，第Ⅶ亚家族大多数*HSP40s*基因为无内含子基因。基因表达谱显示，有61个水稻J蛋白基因至少在水稻中任一组织中具有较多的表达量，由此推测这些基因可能参与调控水稻生长发育。高通量测序结果表明，在高温胁迫下，有96个基因存在差异表达，其中上调表达基因57个，下调表达基因39个。上述结果表明，J蛋白可能在水稻响应高温胁迫中发挥重要作用。

参考文献

[1] Georgopoulos CP, Lundquist - Heil A, Yochem J, et al. Identification of the *E. coli dnaJ* gene product. Molecular and General Genetics, 1980, 178 (3): 583 - 588.

[2] Verma AK, Diwan D, Raut S, et al. Evolutionary conservation and emerging functional diversity of the cytosolic Hsp70: J protein chaperone network of *Arabidopsis thaliana*.

G3 - Genes Genome Genet，2017，7（6）：1941 - 1954.

[3] Kampinga HH，Craig EA. The Hsp70 chaperone machinery：J - proteins asdrivers of functional specificity. Nature Reviews Molecular Cell Biology，2010，11（8）：579 - 592.

[4] Sarka NK，Thapar U，Kundnani PK，et al. Functional relevance of J - protein family of rice（*Oryza sativa* L.）. Cell Stress Chaperones，2013，18（3）：321 - 331.

[5] Zhang B，Qiu H，Qu D，et al. Phylogeny - dominantclassification of J - proteins in *Arabidopsis thaliana* and *Brassicaoleracea*. Genome，2018，61（6）：405 - 415.

[6] Hu B，Jin J，Guo AY，et al. GSDS 2.0：an upgraded gene feature visualization server. Bioinformatics，2015，31（8）：1296 - 1297.

[7] Larkin M，Blackshields G，Brown NP，et al. Clustal W and Clustal X version 2.0. Bioinformatics，2007，23（21）：2947 - 2948.

[8] Tamura K，Stecher G，Peterson D，et al. MEGA6：molecular evolutionary genetics analysis version 6.0. Molecular Biology and Evolution，2013，30（12）：2725 - 2729.

[9] Voorrips RE. Mapchart：software for the graphical presentationof linkage maps and QTLs. Journal of Heredity，2002，93（1）：77 - 78.

[10] Kong HZ，Landherr HLL，Frohlich MW，et al. Patterns of gene duplication in theplant *SKP1* gene family in angiosperms：evidence for multiplemechanisms of rapid gene birth. Plant Journal，2007，50：873 - 885.

[11] Sato Y，Antonio BA，Namiki N，et al. RiceXPro：a platform for monitoring gene expression in japonicarice grown under natural field conditions. Nucleic Acids Research，2011，39：D1141 - D1148.

[12] Howe E，Holton K，Nair S，et al. MeV：multiexperiment viewer. //Biomedical informaticsfor cancer research. Springer，New York，2010：267 - 277.

[13] Byun MY，Lee J，Cui LH，et al. Constitutive expression of *DaCBF7*，an Antarctic vascularplant *Deschampsia antarctica* CBF homolog，resulted in improved cold tolerance in transgenic rice plants. Plant Science，2015，236：61 - 74.

[14] Li XM，Chao DY，Wu Y，et al. Natural alleles of aproteasome α2 subunit gene contribute to thermotolerance and adaptation of African rice. Nature Genetics，2015，47（7）：827 - 833.

[15] Xu GX，Guo CC，Shan HY，et al. Divergence of duplicate genes in exon - intron structure. Proceedings of the National Academy of Sciences of the United States of America，2012，109：1187 - 1192.

[16] Chung BY，Simons C，Firth AE，et al. Effect of 5′UTR introns on gene expression in *Arabidopsis thaliana*. BMC Genomics，2006，7：120.

[17] Ren X，Vorst O，Fiers M，et al. In plants，highly expressed genes are the least compact. Trends in Genetics，2006，22（10）：528 - 532.

[18] Jeffares DC，Penkett CJ，Bähler J. Rapidly regulated genes areintron poor. Trends in Genetics，2008，24（8）：375 - 378.

[19] Sery A, Housset D, Serre L, et al. Crystal structure of the ferredoxin I from *Desulfovibrioafricanus at* 2.3A resolution. Biochemistry, 1994, 33 (51): 15408 - 15417.

[20] Dorn KV, Willmund F, Schwarz C, et al. Chloroplast DnaJ - like proteins 3 and 4 (CDJ3/4) from Chlamydomonasreinhardtiicontain redox - active Fe - S clusters andinteract with stromal Hsp70B. Biochemical Journal, 2010, 427 (2): 205 - 215.

[21] Petitjean C, Moreira D, Lopez - Garcia P, et al. Horizontal gene transfer of a chloroplast DnaJ - Fer protein to Thaumarchaeota and the evolutionary history of the DnaK chaperonesystem in Archaea. BMC Evolutionary Biology, 2012, 12: 226 - 240.

[22] Muller A, Rinck G, Thiel HJ, et al. Cell - derived sequencesin the N - terminal region of the polyprotein of a cytopathogenic pestivirus. Journal of Virology, 2003, 77 (19): 10663 - 10669.

[23] Prasad BD, Goel S, Krishna P. *In silico* identification of carboxylateclamp type tetratricopeptide repeat proteins in *Arabidopsis* and rice as putative co - chaperones of Hsp90/Hsp70. PLoS One, 2010, 5 (9): e12761.

[24] Sun J, Zhang J, Wu F, et al. Solution structure of Kti11p from *Saccharomyces cerevisiae* reveals a novel zinc - binding module. Biochemistry, 2005, 44 (24): 8801 - 8809.

[25] Reeves R, Beckerbauer L. HMGI/Y proteins: flexible regulators of transcription and chromatin structure. Biochimica et Biophysica Acta, 2001, 1519 (1 - 2): 13 - 29.

[26] Ciesielski SJ, Schilke BA, Osipiuk J, et al. Interaction of J - protein co - chaperone Jac1 with Fe - S scaffold Isu is indispensable in vivo and conserved in evolution. Journal of Molecular Cell Biology, 2012, 417 (1 - 2): 1 - 12.

[27] Birney E, Kumar S, Krainer AR. Analysis of the RNA - recognitionmotif and RS and RGG domains: conservation in metazoanpre - mRNA splicing factors. Nucleic Acids Research, 1993, 21: 5803 - 5816.

[28] Servas C, Romisch K. The Sec63p J - domain is required for ERAD of soluble proteins in yeast. PLoS One, 2013, 8 (12): e82058.

[29] Hatzfeld M. The armadillo family of structural proteins. International Review of Cytology, 1999, 186: 179 - 224.

[30] Fan FF, Yang X, Cheng Y, et al. The DnaJ genefamily in pepper (*Capsicum annuum* L.): comprehensive identification, characterization and expression profiles. Frontiers in Plant Science, 2017, 8: 689 - 700.

[31] Li GL, Chang H, Li B, et al. The roles of the at DjA2 and at DjA3 molecular chaperone proteins in improvingthermotolerance of *Arabidopsis thaliana* seedlings. Plant Science, 2007, 173: 408 - 416.

[32] Yang KZ, Xia C, Liu XL, et al. A mutation in *thermosensitivemale sterile 1*, encoding a heat shock protein with DnaJ and PDI domains, leads to thermosensitive gametophytic male sterility in *Arabidopsis*. Plant Journal, 2009, 57 (5): 870 - 882.

[33] Zhou W, Zhou T, Li MX, et al. The *Arabidopsis* J - protein *AtDjB1* facilitates ther-

motolerance by protecting cells againstheat - induced oxidative damage. New Phytologist, 2012, 194 (2): 364 - 378.

[34] Kong FY, Deng YS, Wang GD, et al. LeCDJ1, a chloroplast DnaJ - protein, facilitates heattolerance in transgenic tomatoes. Journal of Integrative Plant Biology, 2014a, 56 (1): 63 - 74.

[35] Wang GD, Kong FY, Zhang S, et al. Atomato chloroplast - targeted DnaJ protein protects Rubisco activity under heat stress. Journal of Experimental Botany, 2015, 66 (11): 3027 - 3040.

[36] Wang GD, Cai GH, Xu N, et al. Novel DnaJ - protein facilitates thermotolerance of transgenic tomatoes. International Journal of Molecular Sciences, 2019, 20 (2): 367.

[37] Shiber A, Ravid T. Chaperoning proteins for destruction: diverseroles of Hsp70 chaperones and their co - chaperones in targeting misfolded proteins to the proteasome. Biomolecules, 2014, 4 (3): 704 - 727.

[38] Shen L, Kang YGG, Liu L, et al. The J - domain protein J3 mediates the integration of flowering signals in *Arabidopsis*. Plant Cell, 2011, 23 (2): 499 - 514.

[39] Bekhochir D, Shimada S, Yamagami A, et al. A novel mitochondrial DnaJ/Hsp40 family protein BIL2 promotes plant growth and resistance against environmental stressin brass inosteroid signaling. Planta, 2013, 237 (6): 1509 - 1525.

[40] Howell SH. Endoplasmic reticulum stress responses in plants. Annual Review of Plant Biology, 2013, 64: 477 - 499.

[41] Zhao XM, Leng YJ, Chen GX, et al. The the rmosensitive male sterile 1 interacts with the BiPs via DnaJ - domain and stimulates their ATPase enzyme activities in *Arabidopsis*. PLoS One, 2015, 10 (7): e0132500.

第6章 水稻 GATA 基因家族的鉴定及表达分析

GATA 家族是生物中一类重要的锌指转录因子，它广泛参与动植物以及微生物的多个生物学过程。转录因子能够与基因上游 5′端特定序列结合，与 RNA 聚合酶Ⅱ形成转录起始复合体，共同参与基因转录起始的过程，在调控基因的表达中发挥重要作用。根据转录因子结合到 DNA 上的特定序列的不同，发现了许多不同功能的转录因子家族如 MADS、WRKY、MYB、bZIP (basicleucine zipper)、PHD (planthomeo domain)、Zinc - finger、NAC (NAM，ATAF1/2，CUC1/2) 和 AP2/EREBP 等[1-2]。GATA 锌指转录因子因能与其靶基因启动子上的 W - GATA - R (W=T/A，R=G/A) 序列结合而被命名为 GATA 转录因子[3-4]。该类转录因子蛋白中通常含有一个由 1 720 个氨基酸残基组成的锌指环[5-6]。GATA 转录因子最初在鸡中被发现报道，它参与了鸡的造血过程[7]。随后，GATA 转录因子不仅在动物中被陆续报道，在真菌以及植物中也相继被报道。有科学家指出，GATA 转录因子不仅在细胞分化中扮演重要角色，也在应激信号转导和代谢途径中发挥作用[8-9]。植物中首次从烟草中克隆到的 GATA 锌指转录因子 NTL1 被证明参与了氮素代谢途径[10]。在近年的报道中，植物中 GATA 转录因子不仅参与了植物响应逆境、氮素代谢，还在植物开花、生长发育以及在植物激素的信号转导中都起到了调控的作用[11-13]。目前水稻中被鉴定出的 GATA 家族共有 28 个成员，编码 35 种转录组因子，被分成 7 个亚家族[5,14]。

本研究对水稻中 35 个 GATA 转录因子进行了多重序列比对分析、保守结构域分析以及蛋白三级结构分析，对 *OsGATAs* 的时空表达、组织特异性表达以及响应不同激素不同时间处理的表达进行了详细的分析，旨在为进一步研究该家族在水稻中的生物学功能奠定基础。

6.1 材料与方法

6.1.1 材料与数据来源

本研究中的水稻 GATA 家族基因序列、CDS 编码序列以及氨基酸序列均以日本晴为参考基因组，来源于 Ensembl Plants（http://plants.ensembl.org/index.html）数据库；*OsGATA* 基因表达谱数据来源于 Rice4X44K Microarray 芯片数据。

6.1.2 水稻 GATA 家族蛋白序列多重比对方法

从文献中获得水稻 GATA 登录号[5]在 Ensembl Plants 网站上搜寻下载其蛋白质序列，然后利用本地序列比对软件 DNAMAN 进行 GATA 家族蛋白质序列多重比对。

6.1.3 水稻 GATA 家族蛋白域 GATA 分析方法

利用 Ensembl Plants 及 RGAP（http://rice.plantbiology.msu.edu/）数据库分析水稻 *OsGATA* 家族成员蛋白结构域 GATA，统计各个家族成员 GATA蛋白域的具体数目和具体位置，利用 IBS（Illustrator for Biological Sequences）软件作图。

6.1.4 水稻 GATA 家族基因表达谱分析方法

从水稻公布的数据库 Rice4X44K Microarray 下载 GATA 芯片表达数据，并做归一化与中位化数据处理，利用 R 程序包进行热图绘制。

6.2 结果与分析

6.2.1 水稻 OsGATA 家族蛋白序列比对及分析

通过序列对比分析软件 DNAMAN 对水稻 OsGATA 家族蛋白序列进行比对，分析发现，该家族在整体上具有较强的保守性，几乎含有共同的保守区域（图 6.1）。可以看出，水稻 OsGATA8、OsGATA13、OsGATA22、OsGATA23、OsGATA24 这 5 个成员与其他 30 个成员在保守性上有一定差别，亲缘关系较远，表明该些成员进化演变过程中在保守域上发生了一定的改变。

6.2.2 水稻 OsGATA 家族蛋白 GATA 保守结构域分析

在 Ensembl Plants 网站上分析水稻 OsGAGA 家族成员蛋白结构域 GATA，并将其所在的具体位置展现出来（图 6.2）。通过分析发现，35 个 GATA 成员均含有 GATA 蛋白保守域，且所在位置及 GATA 数目呈现多样性。由图 6.2 可知，OsGATA24、OsGATA26 分别含有 3 个、2 个 GATA 结构域。

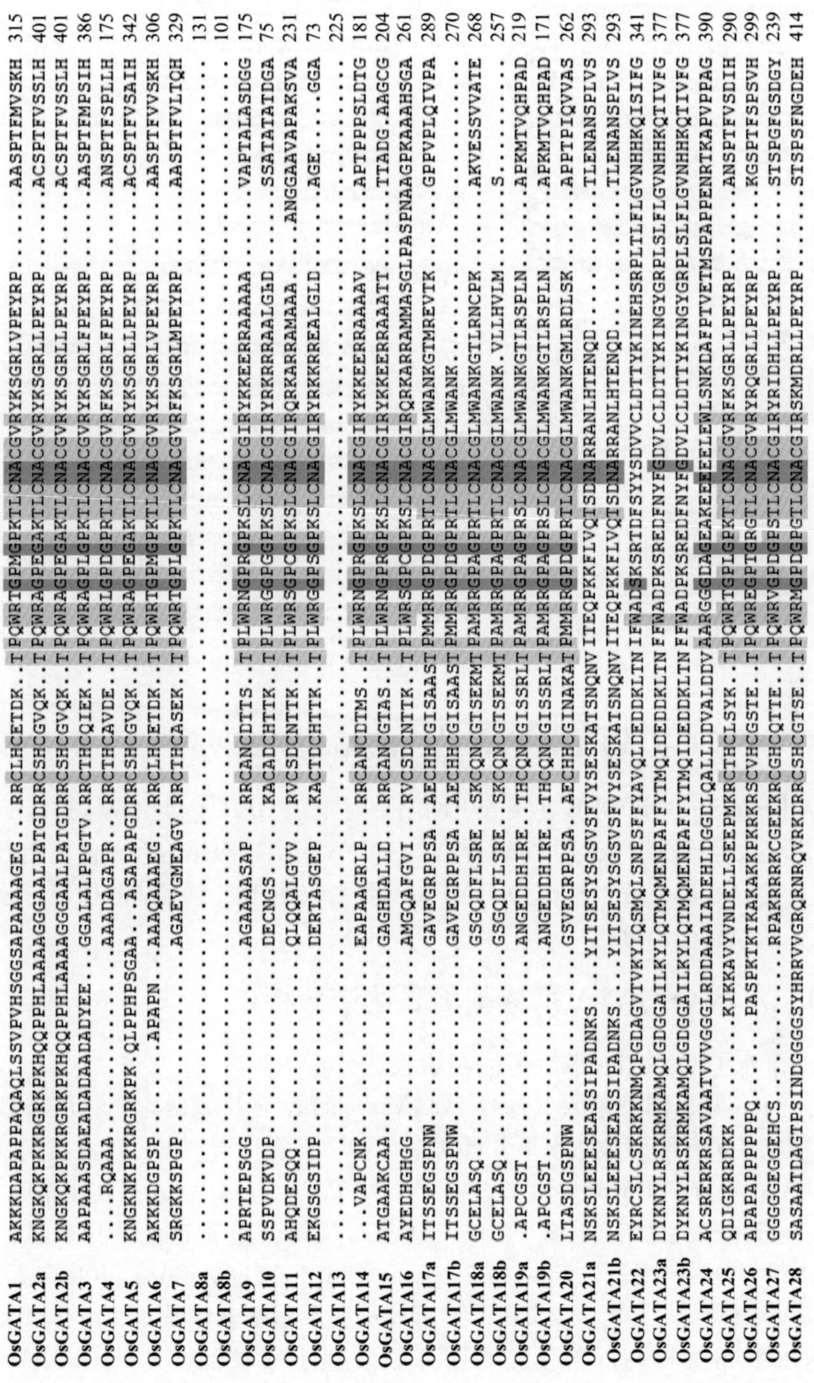

```
OsGATA1    AKKKDAPAPPAQAQLSSVPVHSGGSAPAAAAGEG...RRCLHCETDK..TPQWRTGPMGPKTLCNACGVRYKSGRLVPEYRP.......AASPTFMVSKH 315
OsGATA2a   KNGKQKPKKRGRKPKHQQPPHLAAAAGGGAALPATGDRRCSHCGVQK..TPQWRAGPEGAKTLCNACGVRYKSGRLLPEYRP.......ACSPTFVSSLH 401
OsGATA2b   KNGKQKPKKRGRKPKHQQPPHLAAAAGGGAALPATGDRRCSHCGVQK..TPQWRAGPEGAKTLCNACGVRYKSGRLLPEYRP.......ACSPTFVSSLH 401
OsGATA3    AAPAAASDAEADADAADADYEE...GGALALPPGTV.RRCTHCQIEK..TPQWRAGPLGPKTLCNACGVRYKSGRLFPEYRP.......AASPTFMPSIH 386
OsGATA4    ....RQAAA................AAADAGAPR...RRCTHCAVDE..TPQWRLGPDGPRTLCNACGVRFKSGRLFPEYRP.......ANSPTFSPLLH 175
OsGATA5    KNGKNKPKKRGRKPK.QLPPHPSGAA...ASAPAPGDRRCSHCGVQK..TPQWRAGPEGAKTLCNACGVRYKSGRLLPEYRP.......ACSPTFVSAIH 342
OsGATA6    AKKKDGPSP........APAPN...AAAQAAAEG...RRCLHCETDK..TPQWRTGPMGPKTLCNACGVRYKSGRLVPEYRP.......AASPTFVVSKH 306
OsGATA7    SRGKKSPGP................AGAEVGMEAGV.RRCTHCASEK..TPQWRTGPLGPKTLCNACGVRFKSGRLMPEYRP.......AASPTFVLTQH 329
OsGATA8a   ...................................................................................................... 131
OsGATA8b   ...................................................................................................... 101
OsGATA9    APRTEPSGG................AGAAAASAP...RRCANCDTTS..TPLWRNGPRGPKSLCNACGIRYKKEERRAAAAA.......VAPTALASDGG 175
OsGATA10   SSPVDKVDP................DECNGS......KACADCHTTK..TPLWRGGPGGPKSLCNACGIRYRKRRRAALGLD.......SSATATATDGA 75
OsGATA11   AHQDESQQ.................QLQQALGVV...RVCSDCNTTK..TPLWRSGPCGPKSLCNACGIRQRKARRAMAAA.....ANGGAAVAPAKSVA 231
OsGATA12   EKGSGSIDP................DERTASGEP...KACTDCHTTK..TPLWRGGPSGPKSLCNACGIRYRKKRREALGLD.......AGE.....GGA 73
OsGATA13   ...................................................................................................... 225
OsGATA14   ...VAPCNK................EAPAAGRLP...RRCANCDTMS..TPLWRNGPRGPKSLCNACGIRYKKEERRAAAAV.......APTPPPSLDTG 181
OsGATA15   ATGAAKCAA................GAGHDALLD...RRCANCGTAS..TPLWRNGPRGPKSLCNACGIRYKKEERRAAATT.......TTADG.AAGCG 204
OsGATA16   AYEDHGHGG................AMGQAFGVI...RVCSDCNTTK..TPLWRSGPCGPKSLCNACGIRQRKARRAMMASGLPASPNAAGPKAAAHSGA 261
OsGATA17a  ITSSEGSPNW...............GAVEGRPPSA..AECHHCGISAASTPMMRRGPDGPRTLCNACGLMWANKGTMREVTK.......GPPVPLQIVPA 289
OsGATA17b  ITSSEGSPNW...............GAVEGRPPSA..AECHHCGISAASTPMMRRGPDGPRTLCNACGLMWANK.............................. 270
OsGATA18a  GCELASQ..................GSGQDFLSRE..SKCQNCGTSEKMTPAMRRGPAGPRTLCNACGLMWANKGTLRNCPK.......AKVESSVVATE 268
OsGATA18b  GCELASQ..................GSGQDFLSRE..SKCQNCGTSEKMTPAMRRGPAGPRTLCNACGLMWANK.VLLHVLM.......S.......... 257
OsGATA19a  .APCGST..................ANGEDDHIRE..THCQNCGISSRLTPAMRRGPAGPRSLCNACGLMWANKGTLRSPLN.......APKMTVQHPAD 219
OsGATA19b  .APCGST..................ANGEDDHIRE..THCQNCGISSRLTPAMRRGPAGPRSLCNACGLMWANKGTLRSPLN.......APKMTVQHPAD 171
OsGATA20   LTASDGSPNW...............GSVEGRPPSA..AECHHCGINAKATPMMRRGPDGPRTLCNACGLMWANKGMLRDLSK.......APPTPIQVVAS 262
OsGATA21a  NSKSLEEESEASSIPADNKS....YITSESYSGSVSFVYSESKATSNQNVITEQPKKFLVQTSDNARRANLHTENQD...........TLENANSPLVS 293
OsGATA21b  NSKSLEEESEASSIPADNKS....YITSESYSGSVSFVYSESKATSNQNVITEQPKKFLVQTSDNARRANLHTENQD...........TLENANSPLVS 293
OsGATA22   EYRCSLCSKRKKNMQPGDAGVTVKYLQSMQLSNPSFFYAVQLDEDDKLTNIFWADSKSRTDFSYYSDVVCLDTTYKINEHSRPLTLFLGVNHHKQISIFG 341
OsGATA23a  DYKNYLRSKRMKAMQLGDGGAILKYLQTMQMENPAFFYTMQIDEDDKLTNFFWADPKSREDFNYFGDVLCLDTTYKINGYGRPLSLFLGVNHHKQTIVFG 377
OsGATA23b  DYKNYLRSKRMKAMQLGDGGAILKYLQTMQMENPAFFYTMQIDEDDKLTNFFWADPKSREDFNYFGDVLCLDTTYKINGYGRPLSLFLGVNHHKQTIVFG 377
OsGATA24   ACSRERKRSAVAATVVVGGGLRDDAAAIADEHLDGGDLQALLDDVALDDVAARGGGDAGEAKEEEEELEWLSNKDAFPTVETMSPAPPENRTKAPVPPAG 390
OsGATA25   QDIGKRRDKK.........KIKKAVYVNDELLSEEPMKRCTHCLSYK..TPQWRTGPLGPKTLCNACGVRFKSGRLLPEYRP.......ANSPTFVSDIH 290
OsGATA26   APAPAPPPPPPQ.......PASPKTKTKAKAKKPKRKRSCVHCGSTE..TPQWREGPTGRGTLCNACGVRYRQGRLLPEYRP.......KGSPTFSPSVH 299
OsGATA27   GGGGGEGGEHCS.............RPAKRRRKCGEEKRCGHCQTTE..TPQWRVGPDGPSTLCNACGIRYRIDHLLPEYRP.......STSPGFGSDGY 239
OsGATA28   SASAATDAGTPSINDGGGGSYHRRVVGRQRNRQVRKDRRCSHCGTSE..TPQWRMGPDGPGTLCNACGIRSKMDRLLPEYRP.......STSPSFNGDEH 414
```

图6.1 水稻GATA家族蛋白比对分析

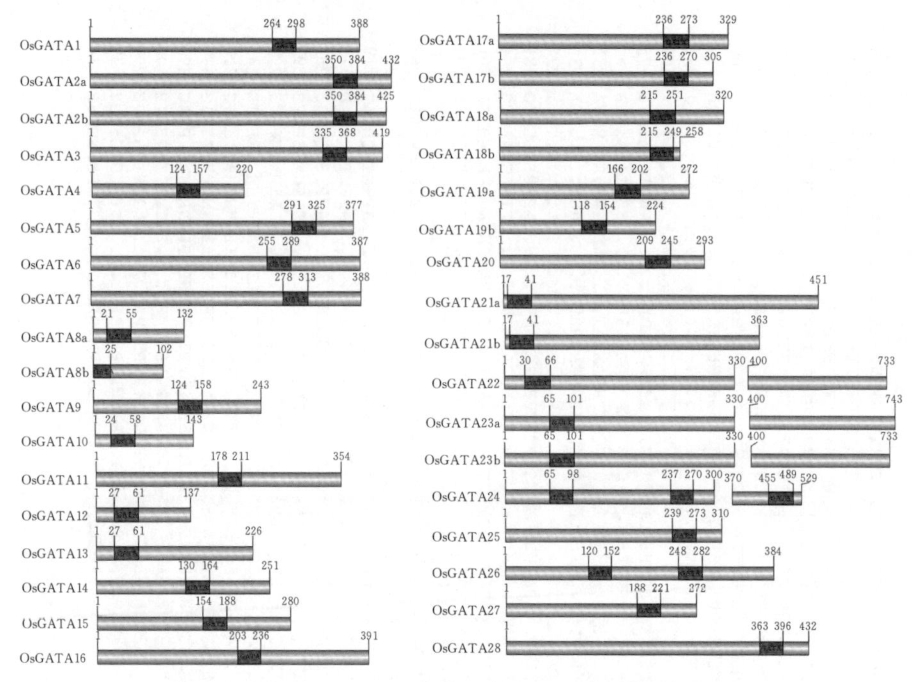

图 6.2　水稻 OsGATA 家族蛋白 GATA 保守结构域分析

6.2.3　水稻 OsGATA 家族蛋白三级结构分析

利用 SWISS-MODLE 在线分析网站，对水稻 GATA 蛋白家族进行三级结构分析，如图 6.3。从图中可以看出，GATA 蛋白三级结构在整体上相似程度较高，复杂程度一般。其中 OsGATA8b 蛋白仅由 102 个氨基酸构成，故无法对其三级结构做出分析。

6.2.4　水稻 OsGATA 家族基因表达谱分析

6.2.4.1　水稻 OsGATA 家族基因组织表达分析

利用水稻数据网发布的 Rice4X44K Microarray 芯片数据库，对水稻 GATA 基因家族进行组织表达水平分析（图 6.4）。从表达谱数据可以看出，基因 *OsGATA11*、*OsGATA16*、*OsGATA8*、*OsGATA13*、*OsGATA19* 在水稻叶片、叶鞘及茎秆中表达水平较高，在根、雄蕊以及雌蕊中表达水平比较低；而 *OsGATA1*、*OsGATA7*、*OsGATA9*、*OsGATA15*、*OsGATA25*、*OsGATA2*、*OsGATA5*、*OsGATA10*、*OsGATA12* 等成员在水稻雄蕊、雌蕊、内稃以及胚中表达水平相对较高，在胚乳和叶片中表达水平较低；另外 *OsGATA4*、*OsGATA26* 在子房和胚乳中表达水平较高，在花序中表达水平相对较低。除此

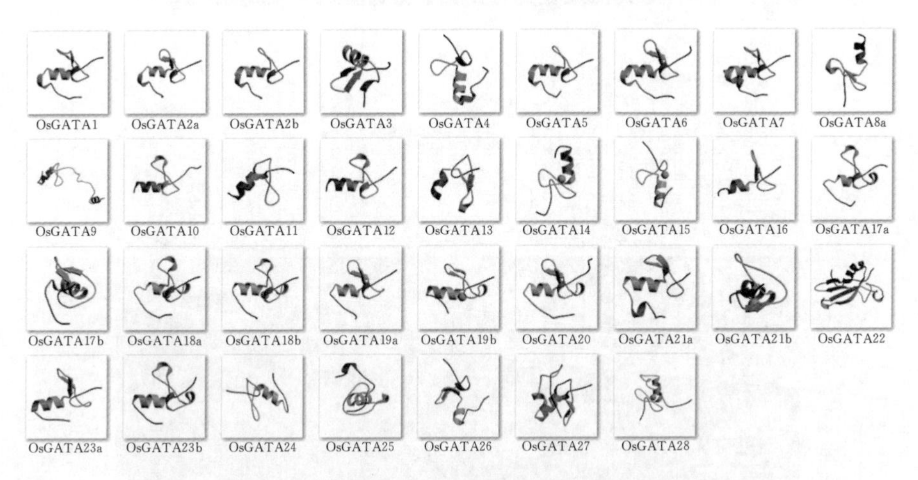

图 6.3　水稻 GATA 家族蛋白三级结构分析

之外，*OsGATA14*、*OsGATA24*、*OsGAT27*、*OsGATA28* 这 4 个基因在芯片中没有检测到与之对应的探针。

6.2.4.2　水稻 OsGATA 家族基因响应植物激素的表达分析

Rice4X44K Microarray 芯片的数据采用的是生长 7 d 的水稻幼苗，用不同激素对水稻幼苗进行不同时间的处理。对数据进行归一化处理后，得到响应不同激素的表达谱结果（图 6.5）。

由图 6.5 可知，在脱落酸（ABA）处理的不同时间点（图 6.5A），基因 *OsGATA8*、*OsGATA13*、*OsGATA4*、*OsGATA15*、*OsGATA6*、*OsGATA10*、*OsGATA16* 等成员的表达在 1 h 处出现下调，在 3 h 或者 6 h 处被显著抑制；而 *OsGATA5*、*OsGATA1*、*OsGATA9*、*OsGATA22*、*OsGATA17*、*OsGATA25* 等成员在 12 h 处表达增加，表明其在一定程度上受 ABA 的诱导作用；*OsGATA3* 在 1 h 处，与对照相比，在 ABA 诱导下显著上调。在赤霉素（GA）处理下，GATA 家族整体变化水平不大，*OsGATA3*、*OsGATA11*、*OsGATA16* 受 GA 诱导下，表达水平迅速提升；*OsGATA5*、*OsGATA15* 分别在 12 h、6 h 前后表达水平逐渐上调（图 6.5B）。在生长素（IAA）作用下，*OsGATA11*、*OsGATA13*、*OsGATA1*、*OsGATA7*、*OsGATA16* 等家族成员的表达在 3 h 前后出现明显下调，*OsGATA15*、*OsGATA10*、*OsGATA8*、*OsGATA12* 等基因成员在一定程度上受 IAA 诱导上调（图 6.5C）。在油菜素甾醇（BL）诱导处理下，*OsGATA9*、*OsGATA1*、*OsGATA15*、*OsGATA19* 等基因成员的表达受到不同程度的上调，而 *OsGATA13*、*OsGATA16* 在处理 1 h 后开始下调，该家族在整体上变化不明显（图 6.5D）。*OsGATA15*、*OsGATA10*、*OsGATA 11*、*OsGATA 16*、*OsGATA 9* 等基因在细胞分裂素（CTK）诱导 1 h 后表

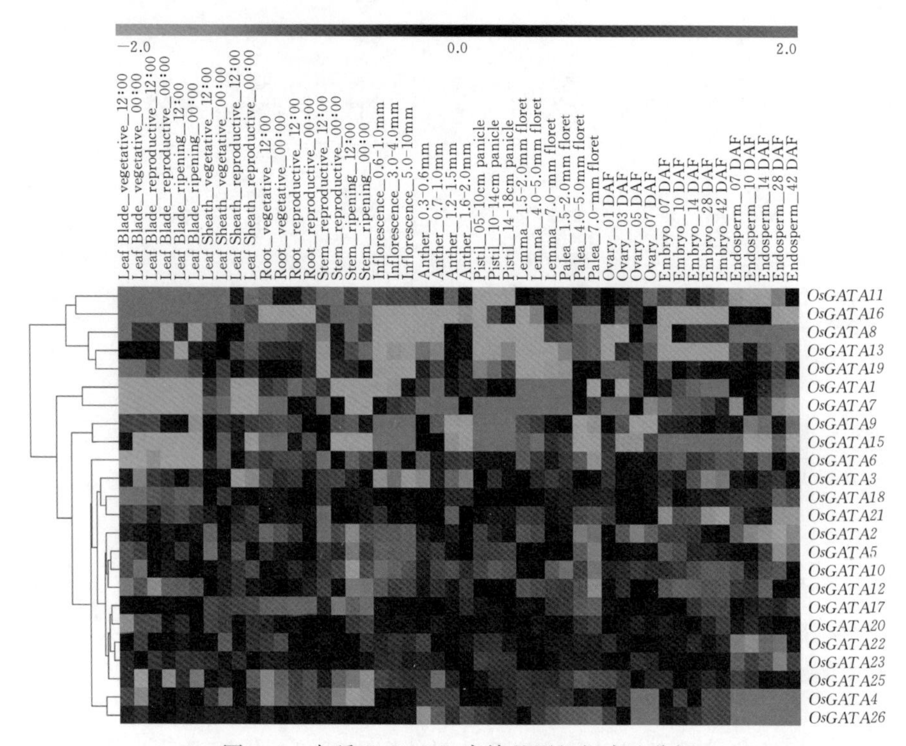

图 6.4　水稻 OsGATA 家族基因组织表达分析

注：Leaf Blade：剑叶；Leaf Sheath：叶鞘；Root：根；Stem：茎；Inflorescence：花序；Anther：花药；Pistil：雌蕊；Panicle：穗；Lemma：外稃；Palea：内稃；Ovary：子房；Embryo：胚；Endosperm：胚乳；Floret：小花；Vegetative：营养生长；Reproductive：生殖；Ripening：成熟；DAF：Day after flowering，开花后天数。

达上调，在 12 h 处表达又受到了抑制；*OsGATA18*、*OsGATA13*、*OsGATA7* 则在诱导后 12 h 处表达上调（图 6.5E）。在茉莉酸（JA）处理下，*OsGATA10*、*OsGATA11*、*OsGATA16*、*OsGATA25* 等家族成员在 1 h 内无变化，在 3 h 处表达迅速下调，*OsGATA1*、*OsGATA15* 成员在 1 h 前后受诱导表达上调，在 12 h 前后时，*OsGATA7*、*OsGATA15*、*OsGATA9* 的表达水平受到抑制（图 6.5F）。

6.3　讨论

植物中某些蛋白能够识别并结合到靶基因启动子的顺式作用元件上，从而发挥调控基因表达水平的功能，人们把这一类蛋白称为转录因子。GATA 转录因子在动、植物及真菌等生物中以其功能的重要性，备受科学家的广泛关注，近年来的研究表明，GATA 家族在细胞分化、组织和器官发育、氮素代谢、种子萌发、植物激素应答、代谢网络调控、光形态建成以及植物抗逆境抗

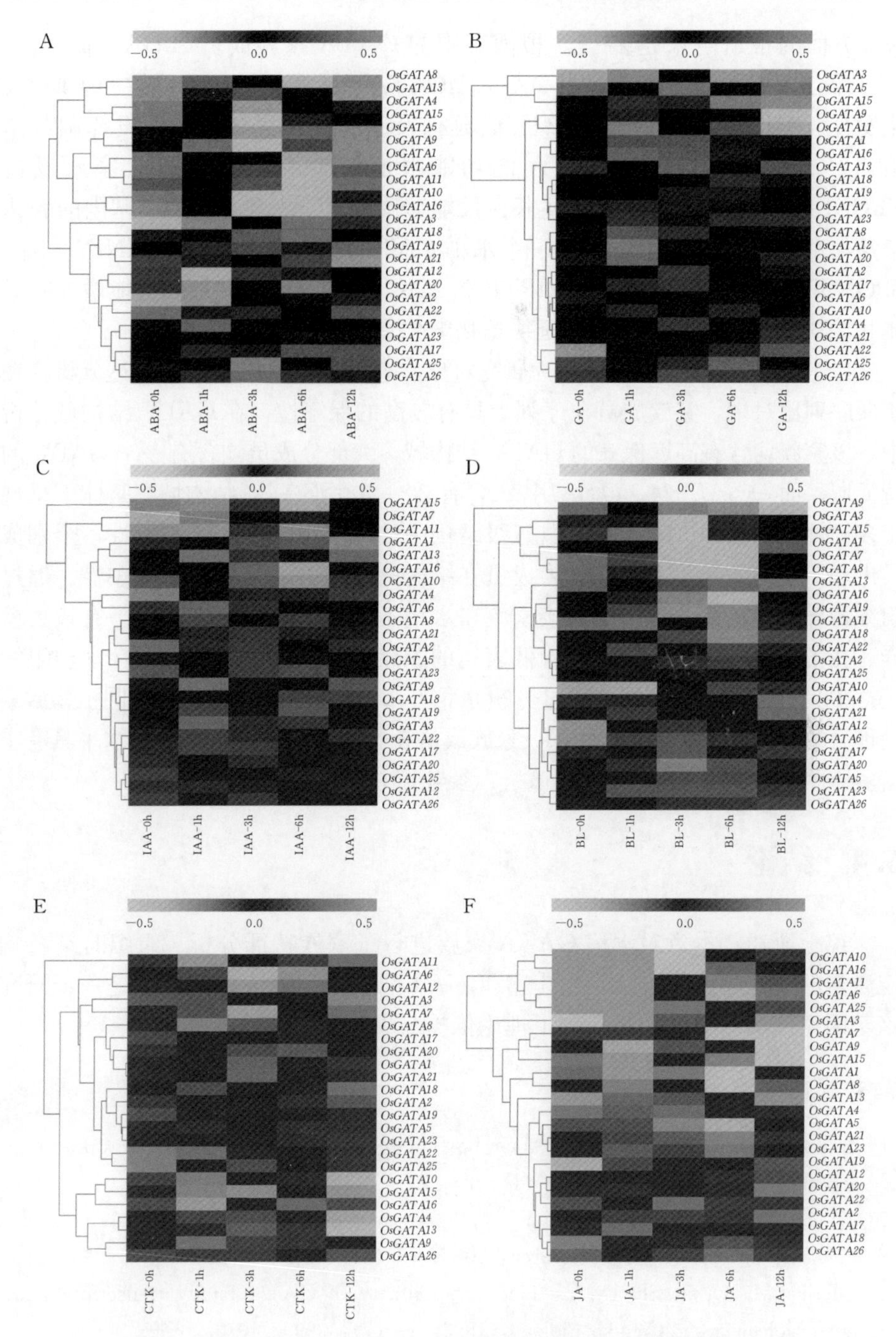

A、B、C、D、E、F分别表示水稻GATA家族的响应脱落酸（ABA）、赤霉素（GA）、生长素（IAA）、油菜素内酯（BL）、细胞分裂素（CTK）、茉莉酸（JA）的表达

图6.5　水稻GATA家族响应植物激素表达谱分析

病等方面的报道越来越多[15]。拟南芥中的 GATA 家族成员 *AtGATA2*、*AtGATA8*、*AtGATA21*、*AtGATA22*、*AtGATA23*、*AtGATA28* 等在种子萌发、花发育、碳代谢、氮代谢、组织器官延伸及脂肪酸积累与代谢中发挥调节作用[16-17]。目前在水稻中 GATA 的功能报道较少，水稻 GATA 家族成员 NECKLEAF1（NL1）在营养生长阶段能够调控 PLA1 和其他调节基因的表达来参与水稻器官的发育[18]；另一个水稻 GATA 家族成员 CYTOKININ - RESPONSIVE GATA TRANSCRIPTION FACTOR1（cga1）过表达能增加叶绿体和淀粉的合成与积累，达到延缓植物老化衰老的功能[19]。

以水稻 OsGATA 家族成员为研究对象，进行基因家族特征及表达分析。在蛋白序列比对中，家族成员在序列上具有较高的保守性。在 GATA 结构域分析中，该家族均含有高度保守的 GATA 结构域，大部分成员均含有一个 GATA 的特征域，而 *OsGATA24*、*OsGATA26* 含有 2 ～ 3 个 GATA 结构域，整体上呈现出多样性。水稻中该家族在蛋白三级结构中整体表现出高度的一致性，个别成员出现一定的差异，表明该家族成员在结构上有很大的统一性和集中性。通过组织特异性表达谱分析，发现该家族在水稻不同组织中整体表达水平有较大差异，在各组织中存在高表达或者低表达的家族成员，表明了该家族在水稻组织表达中具有较强的特异性。通过分析水稻 GATA 基因家族在响应不同植物激素处理后的表达谱可以发现，GATA 家族成员在不同激素处理下的表达水平具有丰富多样性及特异性，这一结果与该家族参与植物信号网络调节密切相关。

6.4 结论

综上所述，本章对水稻 GATA 家族进行了家族特征分析、组织时空及响应激素的表达谱分析，这不仅丰富了 GATA 基因家族信息，也为进一步研究该基因家族的生物学功能提供了理论依据与参考。

参考文献

[1] Shore P，Sharrocks AD. The MADS - box family of transcription factors. European Journal of Biochemistry，1995，229（1）：1 - 13.

[2] Krishna SS，Majumdar I，Grishin NV. Survey and summary：structural classification of zinc fingers. Nucleic Acids Research，2003，31（2）：532.

[3] Merika M，Orkin SH. DNA - binding specificity of GATA family transcription factors. Molecular and Cellular Biology，1993，13（7）：3999 - 4010.

[4] Lowry JA，AtchleyWR. Molecular evolution of the GATA family of transcription factors：conservation within the DNA - binding domain. Journal of Molecular Evolution，2000，50（2）：103 - 115.

[5] Reyes JC，Muro - Paster MI，Florencio FJ. The GATA family of transcription factors in Arabidopsis and rice. Plant Physiology，2004，134（4）：1718 - 1732.

[6] Behringer C，Schwechheimer C. B - GATA transcription factors - insights into their structure, regulation，and role in plant development. Frontiers in Plant Science，2015，6：90.

[7] Omichinski JG，Clore GM，Schaad O，et al. NMR structure of a specific DNA complex of Zn - containing DNA binding domain of GATA - 1. Science，1993，261（5120）：438 - 446.

[8] CrespoJL，Daicho K，Ushimaru T，et al. The GATA transcription factors GLN3 and GAT1 link TOR to salt stress in Saccharomyces cerevisiae. Journal of Biological Chemistry，2001，276（37）：34441 - 34444.

[9] Xu X，Kim SK. The GATA transcription factor *egl* - 27 delays aging by promoting stress resistance in Caenorhabditis elegans. PLoS Genetics，2012，8（12）：1003108.

[10] Daniel - vedele F，Caboche M. A tobacco cDNA clone encoding a GATA - 1 zinc finger protein homologous to regulators of nitrogen metabolism in fungi. Molecular and General Genetics，1993，240（3）：365 - 373.

[11] Richter R，Behringer C，Zourelidou M，et al. Convergence of auxin and gibberellin signaling on the regulation of the GATA transcription factors *GNC* and *GNL* in Arabidopsis thaliana. Proceedings of the National Academy of Sciences，2013，110（32）：13192 - 13197.

[12] Chiang YH，Zubo YO，Tapken W，et al. Functional characterization of the GATA transcription factors GNC and CGA1 reveals their key role in chloroplast development，growth，and division in Arabidopsis. Plant Physiology，2012，160（1）：332 - 348.

[13] Zhang C，Hou Y，Hao Q，et al. Genome - wide survey of the soybean GATA transcription factor gene family and expression analysis under low nitrogen stress. PLoS One，2015，10（4）：125174.

[14] Gupta P，Nutan KK，Singla - Pareek SL，et al. Abiotic stresses cause differential regulation of alternative splice forms of GATA transcription factor in rice. Frontiers in Plant Science，2017，8：1944.

[15] Hong JC. Plant Transcription Factors. Amsterdam，Netherlands，Elsevier Press，2016：35 - 56.

[16] 王娟，兰海燕. GATA转录因子对植物发育和胁迫响应调控的研究进展. 植物生理学报，2016，52（12）：1785 - 1794.

[17] 袁岐，张春利，赵婷婷，等. 植物中GATA转录因子的研究进展. 分子植物育种，2017，15（5）：1702 - 1707.

[18] Wang L，Yin H，Qian Q，et al. NECK LEAF 1，a GATA type transcription factor，modulates organogenesis by regulating the expression of multiple regulatory genes during reproductive development in rice. Cell Research，2009，19（5）：598 - 611.

[19] Hudson D，Guevara DR，Hand AJ，et al. Rice cytokinin GATA transcription factor1 regulates chloroplast development and plant architecture. Plant Physiology，2013，162（1）：132 - 144.

第7章　水稻锌指蛋白基因 *OsBBX22* 响应高温胁迫的功能分析

随着全球气候变暖，高温热害已成为制约水稻生产的重要因素之一[1-2]。据研究，在旱季夜间温度每升高1℃，水稻的产量将下降10%[3]，其他主要粮食作物，如小麦、玉米、大麦的产量也会受高温热害的影响[4]。植物可以通过调控自身的生长发育来响应外界温度的变化[5-7]，人们利用转基因技术改良植物耐热性的研究已经取得很大的进展，但大部分研究局限于模式植物拟南芥[8-11]。在全球气候持续变暖、短期高温频发的背景下，开展水稻耐热性研究对促进水稻持续、安全生产意义重大。

BBX是指B-box的字母缩写，序列分析表明在这类基因编码的蛋白因子中都含有1个或2个由40～47个氨基酸残基组成的高度保守的B-box结构域，有的还包含1个CCT（CONSTANS，Co-like and Toc1）结构域，这类基因就称之为BBX基因[12-13]。锌指蛋白是一类具有手指状结构域的转录因子，在基因表达、细胞分化、胚胎发育、增强抗逆性等方面具有重要的调控作用[14]，对植物的生物发育和对胁迫的响应至关重要[15]，在光调节植物生长发育中也不可替代[12]。目前，国内外对于锌指蛋白基因BBX的功能研究主要集中于植物生长发育[16-17]，非生物胁迫[18-19]、光形态建成[20]等方面，但是有关锌指蛋白BBX基因在水稻耐热中的调控作用以及相关热激转录因子的表达分析报道得比较少。

本章利用RNAi干涉（RNA interference，RNAi）方法构建了 *OsBBX22* 敲除载体，并利用农杆菌介导转化法获得了转基因突变体T2代种子。在此基础上，通过生物信息学网站，分析了水稻基因 *OsBBX22* 上游是否具有耐热相关的作用元件，*OsBBX22* 在其他物种中是否保守存在。同时利用半定量PCR、定量PCR、DAB染色技术，验证了转基因突变体和野生型株系、相关 *HSF* 和 *HSP* 的表达水平，旨在探讨 *OsBBX22* 参与水稻耐热信号传导调控的作用机制。

7.1　材料与方法

试验在湖南农业大学生物科学技术学院和湖南杂交水稻研究中心杂交水稻

国家重点实验室完成。

7.1.1 供试材料

所用的野生型为粳稻品种 Kitaake，水稻转基因突变体材料为本课题组以粳稻品种 Kitaake 野生型为背景构建的 *OsBBX22* 基因 RNAi 突变体。

7.1.2 主要试剂及引物

总 RNA 提取试剂、cDNA 合成试剂盒、定量 PCR 所用的 Super Real Pre Mix Plus（SYBRGreen）、半定量 PCR 所用的 2×Taq PCR Mster Mix 试剂盒均购自于天根生化（科技）有限公司；酸化后的 DAB（diaminobezidin3，3-二氨基联苯胺）购自长沙嘉和生物有限公司；所有引物合成和测序由湖南擎科生物技术有限公司完成，引物信息见表 7.1。

表 7.1　所用引物及其序列信息

引物	序列（5′-3′）	产物大小（bp）	用途
潮霉素-F	GCTCCATACAAGCCAACCACG	474	用于目的基因鉴定
潮霉素-R	GCCTGACCTATTGCATCTCCC		
BBX22-S-F	TGGCCGCTCAACGAGTTCTT	399	用于半定量 PCR
BBX22-S-R	CCGGCGTTTCATGGTATGGT		
BBX22-q-F	ACGAGCAGTTCAACACCCCT	158	用于定量 PCR
BBX22-q-R	AAGAACTCGTTGAGCGGCCA		
HSF2a-F	CAACAGCTTCGTCGTCTGGG	175	用于定量 PCR
HSF2a-R	GCGTCGCTTGATCGTCTTCA		
HSFA7-F	AGAGCTGGACGCCTTACCTGA	144	用于定量 PCR
HSFA7-R	TCCACGAACTGCATCGGCTC		
HSP16.9-F	GGACAAGAACGACAAGTGGCA	197	用于定量 PCR
HSP16.9-R	CTCAGGCTTCTTGACCTCGG		
HSP100-F	GCATGGTCGGCAAGAACTCC	155	用于定量 PCR
HSP100-R	CTTCCTGAGTTGCTCGTGGG		

注：表中短线后 F 代表上游引物，R 代表下游引物，S 代表半定量 PCR 引物，q 代表定量 PCR 引物。

7.1.3 *OsBBX22* 生物信息学分析

水稻 *OsBBX22* 基因的结构特征和顺式作用元分别由 Rice Genome Annotation Project（http://rice.plantbiology.msu.edu）和 Plant Care（http//:

bioinformatics. psb. ugent. be/webtools/plantcare/html）进行分析。利用 ROAD（http://www. ricearray. Org/index. shtml）进行水稻 *OsBBX22* 热胁迫生物芯片分析。通过 Ensembl Plants（http://plants. Ensemble. Org/index. html）查找 *OsBBX22* 基因在多种植物中的同源序列，利用 Mega6. 0 进行同源性分析构建进化树。

7.1.4 *OsBBX22*-*RNAi* 转基因水稻株系的表达验证

将 T1 代的 *OsBBX22*-*RNAi* 转基因水稻的 12 个独立转基因株系通过潮霉素抗性筛选和基于基因组的 PCR 检测，筛选出含有目的片段的 *OsBBX22*-*RNAi* 转基因水稻株系，然后通过半定量 PCR、定量 PCR 检测确认表达受抑制的 4 个独立 *OsBBX22*-*RNAi* 转基因水稻株系，选取其中表达受抑制最明显的 *OsBBX22*-*RNAi*-*2* 和 *OsBBX22*-*RNAi*-*4* 两个转基因株系进行热胁迫试验，每个试验重复 3 次。

7.1.5 水稻 *OsBBX22* 响应热胁迫的表型、表达分析

参考经典的水稻苗期耐热表型鉴定试验[21]，选取野生型、T2 代纯合转基因突变体株系（*OsBBX22*-*RNAi*-*2*、*OsBBX22*-*RNAi*-*4*）成熟种子播种于 96 孔 PCR 的小孔（剪掉底部）中，每种株系连续播种两行；播种后先于自来水中催芽，幼苗于光照培养室（28 ℃，12 h 光照/12 h 黑暗）中培育 20 d，待水稻幼苗生长至两叶一心期后移至 45 ℃光温培养箱（湿度：85%RH，光照：10 000 lx）高温处理 36 h，分别提取 0 h、1 h、3 h、5 h 热处理后水稻叶片总 RNA，逆转录合成的 cDNA 作为定量 PCR 模板，分析 *OsBBX22* 基因相关热激转录因子，如 HSFA2a（LOC _ Os 03g53340）、HSFA7（LOC _ Os 01g39020）；热激蛋白，如 HSP16. 9（LOC _ Os 01g04370）；HSP100（LOC _ Os 05g44340）响应热胁迫的表达。最后将热处理后的水稻幼苗置于 28 ℃室温条件恢复生长 5 d，进行表型观察及分析。

7.1.6 水稻叶片过氧化氢（H_2O_2）原位定位

为了检验高温胁迫损伤对野生型、*OsBBX22*-*RNAi* 转基因水稻叶片 H_2O_2 产生情况的影响，参考 DAB 染色方法[22]，将 100 mg 酸化后的 DAB 溶解于 100 mL 蒸馏水中，然后过滤，配制成 DAB 溶液。分别取水稻苗期（两叶一心期）热处理 0 h、3 h 的叶片（长×宽为 5 mm×5 mm），将水稻叶片样本放入已经配制好的 1 mg/mL 的 DAB 溶液（共 2 mL）中染色 14 h（在 25 ℃人工恒温培养箱中进行），再将已经染色的水稻叶片样本放入体积为 2 mL 的混合液（混合液为 1. 2 mL 无水乙醇＋0. 4 mL 甘油＋0. 4 mL 冰醋酸）中沸水

洗脱 10 min。最后将染色的样本在空气中晾干，在万能研究显微镜下进行拍照，分析 H_2O_2 聚集情况。

7.2　结果与分析

7.2.1　*OsBBX22* 生物信息学分析

通过 Rice Genome Annotation Project 网站分析表明水稻 *OsBBX22* 基因（LOC _ Os 01g10580）位于 1 号染色体中，长度为 1 727 bp，其蛋白质含 357 个氨基酸残基。将其启动子序列放入 Plant Care 网站中进行基因上游元件序列分析，结果发现，除了含有多个 CAAT - box、Skn - 1 _ motif、TATA - box 等基本转录元件外，还含有与高温胁迫相关的元件 HSE，光响应元件 ACE、Box4、Box1，乙烯应答元件 ERE 等。由于水稻 *OsBBX22* 中含有 HSF 元件，因此将其在 ROAD 网站中进行了热胁迫分析，结果表明，*OsBBX22* 基因一个探针在叶部的表达量比较高，经过热胁迫处理，基因表达量明显上调（图 7.1），表明该基因对热胁迫逆境有正响应调控作用。

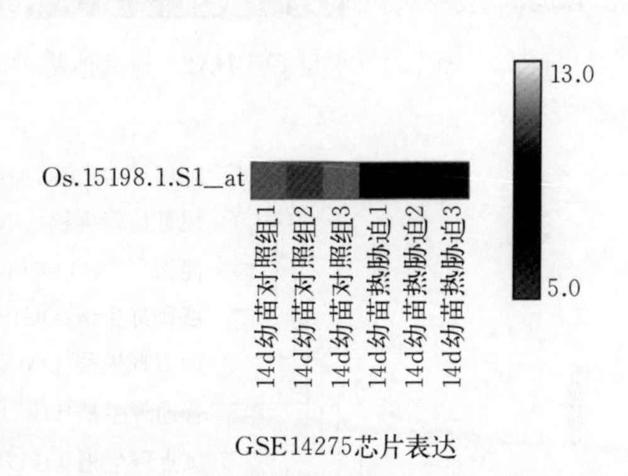

图 7.1　*OsBBX22* 响应热胁迫的芯片分析

通过 Ensembl Plants 对 *OsBBX22* 的蛋白序列进行同源比对（图 7.2），并用 Mega6.0 构建系统进化树（图 7.3），结果表明，*OsBBX22* 存在于多个物种中，在水稻种内的同源性极高，在拟南芥、玉米、小米、高粱相似度较高，表明 *OsBBX22* 在多种物种中保守存在，推测这些同源基因在不同植物物种中可能具有相似的功能。

7.2.2　*OsBBX22 - RNAi* 转基因株系的表达验证

将 T1 代的 *OsBBX22 - RNAi* 转基因水稻的 12 个独立转基因株系通过潮霉素抗性筛选和基于基因组的 PCR 检测，筛选出含有目的片段的 *OsBBX22 - RNAi* 转基因水稻株系，通过半定量 PCR（图 7.4A）、定量 PCR 检测（图 7.4B），结果表明，4 个独立的 *OsBBX22 - RNAi* 转基因水稻株系（*OsBBX22 - RNAi - 1*、*OsBBX22 - RNAi - 2*、*OsBBX22 - RNAi - 3*、*OsBBX22 - RNAi - 4*）的表达明显受到抑制。

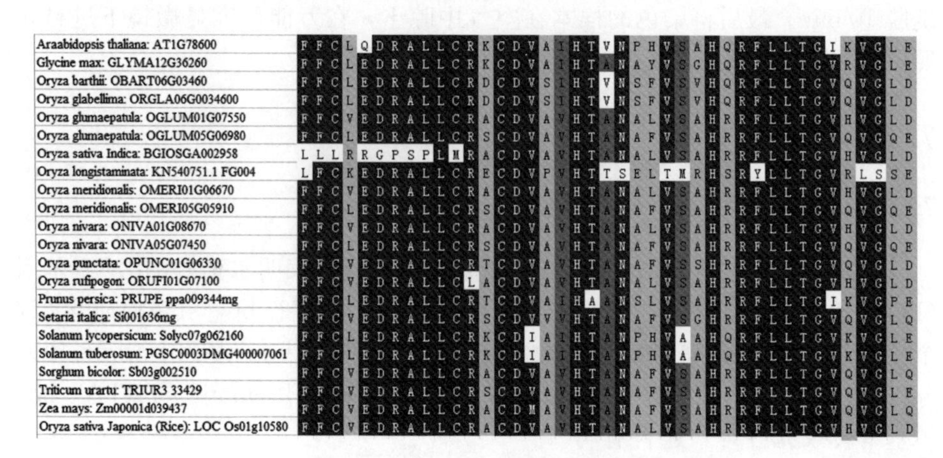

图 7.2 水稻 *OsBBX22* 与其他物种同源蛋白多重比对

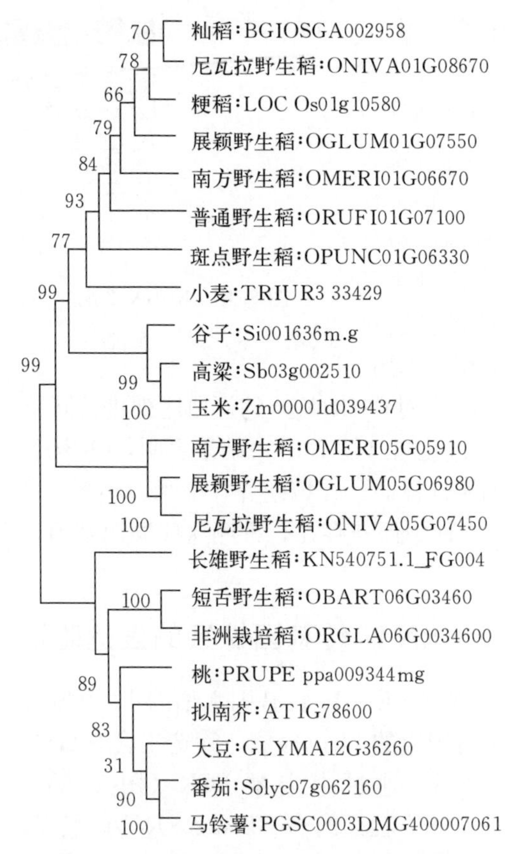

图 7.3 *OsBBX22* 同源蛋白的系统进化树

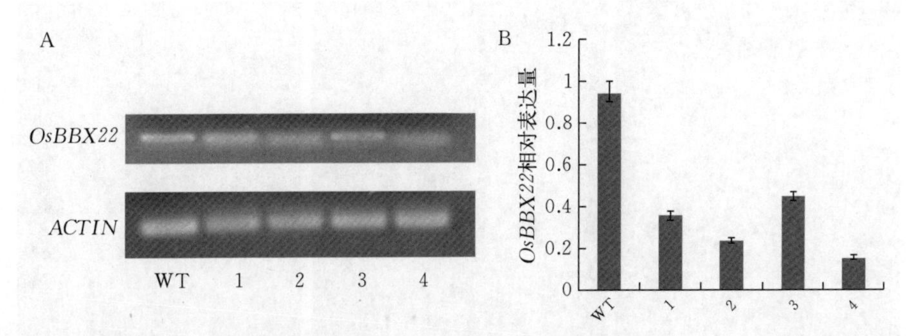

A、B 分别表示半定量、荧光定量 qRT-PCR；WT 表示野生型，1，2，3，4 分别表示转基因株系 *OsBBX22-RNAi-1*、*OsBBX22-RNAi-2*、*OsBBX22-RNAi-3*、*OsBBX22-RNAi-4*

图 7.4　PCR 鉴定 T1 代转基因植株中 *OsBBX22* 的表达水平

7.2.3　水稻 *OsBBX22* 响应热胁迫的表型分析

将野生型（图 7.5A1）、转基因株系 *OsBBX22-RNAi-2*（图 7.5A2）和 *OsBBX22-RNAi-4*（图 7.5A3）水稻幼苗放入人工气候箱进行高温处理，经过 45 ℃胁迫 36 h 后，野生型（图 7.5B1）、转基因株系 *OsBBX22-RNAi-2*（图 8.5B2）和 *OsBBX22-RNAi-4*（图 7.5B3）的表型呈现明显的差异，与野生型相比，转基因株系 *OsBBX22-RNAi-2* 和 *OsBBX22-RNAi-4* 受影响严重，叶片萎焉失水、干枯变黄，置于室温 5 d 大部分株系不能恢复生长；而野生型株系虽有不同程度干尖，叶片干枯变黄，但没有植株死亡。

7.2.4　水稻 *OsBBX22* 响应热胁迫的表达分析

利用实时定量 PCR 方法研究 *OsBBX22*、*OsHSFA2a*、*OsHSFA7*、*OsHSP16.9* 和 *OsHSP100* 在响应高温胁迫时的表达水平（图 7.6），结果表明，在 0～5 h 高温条件下，与野生型株系相比，*OsBBX22* 的表达在 RNAi 干涉转基因植株中明显下调，而在野生型中的表达受高温胁迫诱导，对高温胁迫比较敏感，随着高温处理时间的增加，*OsBBX22* 的表达量呈先上升后下降的波动趋势，且在高温处理 1 h 时表达量最高。在 0～5 h 高温胁迫条件下，野生型株系中的 *OsHSFA2a*、*OsHSFA7*、*OsHSP16.9* 和 *OsHSP100* 表达量均比转基因株系高，且在高温处理 1 h 时，*OsHSFA2a*、*OsHSP16.9* 和 *OsHSP100* 表达量最高，而 *OsHSFA7* 在高温处理 3 h 时表达量最高。

7.2.5　水稻叶片过氧化氢（H_2O_2）原位定位

用配制好的 DAB 溶液对野生型、RNA 干涉转基因株系的两叶一心期水

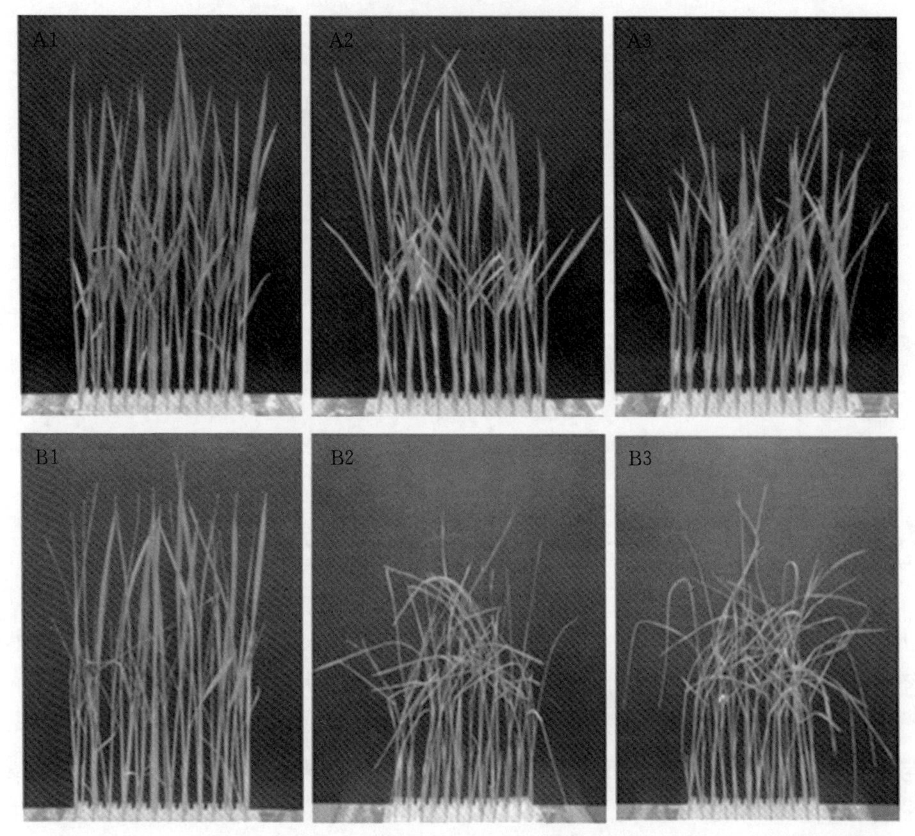

A1、A2、A3 分别表示正常条件下的野生型、转基因株系 *OsBBX22-RNAi-2*、转基因株系 *OsBBX22-RNAi-4*；B1、B2、B3 分别表示高温胁迫后野生型、转基因株系 *OsBBX22-RNAi-2*、转基因株系 *OsBBX22-RNAi-4*

图 7.5 高温胁迫下野生型、转基因株系 *OsBBX22-RNAi-2*、转基因株系 *OsBBX22-RNAi-4* 的耐热表型

稻叶片（高温胁迫 0 h，3 h）进行染色，结果表明，在未受到热胁迫时（图 7.7A1、A2、A3），野生型、转基因株系水稻叶片上红褐色 DAB－H_2O_2 沉淀很少；高温胁迫 3 h，叶片上红褐色 DAB－H_2O_2 斑点明显增加，而且主要集中在热胁迫叶片损伤的部位或叶脉周围（图 7.7B1、B2、B3）。

7.3 讨论

尽管植物锌指蛋白的研究已经进行了 20 多年，发现许多此类蛋白参与植物生长发育调控[23-24]，但是关于水稻锌指蛋白基因 *OsBBX22* 响应高温胁迫研究方面报道较少。本课题组的前期工作中，利用 *RNAi* 干涉技术和遗传转化

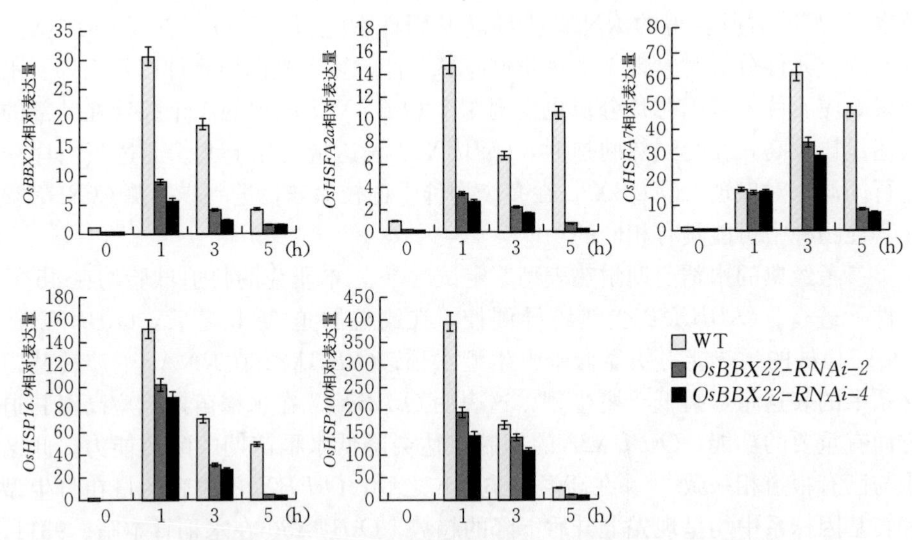

图 7.6　高温胁迫下 *OsBBX22*、*OsHSFA2a*、*OsHSFA7*、*OsHSP16.9* 和 *OsHSP100* 的相对表达量

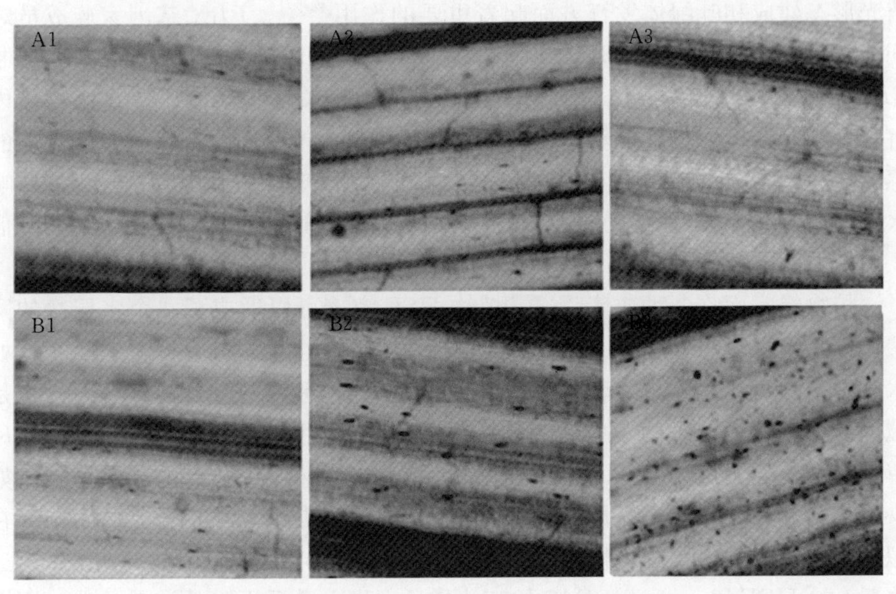

A1、A2、A3 分别表示正常条件下的野生型、转基因株系 *OsBBX22-RNAi-2*、转基因株系 *OsBBX22-RNAi-4*；B1、B2、B3 分别表示热胁迫下的野生型、转基因株系 *OsBBX22-RNAi-2*、转基因株系 *OsBBX22-RNAi-4*

图 7.7　DAB 染色分析过氧化氢（H_2O_2）的积累

方法获得了 *OsBBX22* 转基因独立株系 T1 代种子。本研究通过半定量 PCR 以

及定量 PCR 对所获得的 *RNAi* 干涉转基因株系进行了验证。在对 *OsBBX22* 上游顺式元件分析时发现 1 个热胁迫应答元件，多个光诱导元件以及乙烯、水杨酸响应元件。基因芯片分析也发现 1 个 *OsBBX22* 基因的 1 个探针在叶部的表达量比较高，在受到热胁迫时，*OsBBX22* 表达量明显上调。通过蛋白序列进行同源比对发现，*OsBBX22* 在多个物种中比较保守，进一步推测 *OsBBX22* 在其他物种中可能具有相同的功能。

参考经典的水稻苗期耐热表型鉴定试验[21]，本研究的胁迫试验均在 45 ℃ 条件下进行。*OsBBX22* 受热诱导调控，在高温胁迫 36 h 之后，*OsBBX22 - RNAi* 植株的耐热能力明显低于野生型水稻；*OsBBX22* 在 *RNAi* 干涉转基因株系中的表达量显著低于野生型，这表明 *OsBBX22* 在水稻苗期响应高温胁迫方面有重要的功能，*OsBBX22* 的抑制表达会降低水稻苗期的耐热能力，此结果与已有报道相一致[20]。在高温胁迫 5 h 之后，*OsBBX22* 的表达量在野生型和转基因株系中均呈现先上升后下降的趋势。*OsBBX30* 在水稻日本晴、9311、N22 品种幼穗分化期受热诱导，热激 12 h 之后，*OsBBX30* 表达量随着时间的延长而上升[25]，此结果与本研究不一致。据研究，*BBX* 基因在调控拟南芥幼苗光形态建成和叶绿体发育方面起着重要的作用[26-27]，*BBX* 基因家族成员之间能互相促进和抑制，*BBX21* 能增强 *BBX20* 和 *BBX22* 的功能，而抑制 *BBX32*[28-29]。光和温度作为植物生长发育的两个关键环境因子，在植物体内有很多共同调控元件，最新研究发现，植物的红光受体可作为植物夜间温度的感应器[30]，本研究所用的转基因植株由于抑制了 *OsBBX* 基因表达，可能影响水稻苗期叶绿体的发育或光形态建成相关基因的表达或者功能发挥，从而降低了植株的耐热性。

植物经常面临各种逆境胁迫，植物 HSF 家族可以形成了一个多层次的网状调控系统。研究表明[31]，不同的物种含有不同数量、不同种类的 *HSF*，如水稻中至少有 33 个，拟南芥至少有 21 个，番茄至少含有 18 个。*HSFA2* 是拟南芥所有热激转录因子中受热胁迫诱导表达最明显的成员[32-34]。通过酵母单杂交的方法也筛选到了可以与 HSE 结合的水稻热激转录因子基因，如 *OsHSF7* 和 *OsHSF9*，*OsHSF7*、*OsHSF9* 属于 A 热激转录因子，*OsHSF7* 在拟南芥中的过表达提高了植株的基础耐热性[35]。本研究表明，在热激 0～5 h 之后，*OsHSFA2a*、*OsHSFA7* 的表达量呈现先上升后下降的波动趋势，而且野生型水稻植株耐热性明显高于 *RNAi* 转基因植株，这表明 *OsHSFA2a*、*OsHSFA7* 基因可能通过与 *HSP* 和 *OsBBX22* 基因启动子区域的 HSE 多聚体结合进而调控其表达，从而增强水稻的耐热性，这与已有报道的结果一致[36]。许多研究表明，*HSP* 的表达能提高转基因植株在热激（短时间的高温）时的耐热性[21]，本研究中的 *OsHSP16.9*、*OsHSP100* 在热激 1 h 后，其表达量明显上升，且野生型均高于转基因株系，但随着热激时间的延长（45℃热激 5 h），*OsHSP16.9*、*OsHSP100* 的表达又明显下调，这表明 *OsHSP16.9*、*OsHSP100* 可能参与了 *OsBBX22* 介导的水稻苗期的耐热调控。

基于还原性氧在多个层面调控植物的耐热性，为了检验高温胁迫损伤对野生型、*OsBBX22-RNAi* 转基因水稻叶片 H_2O_2 产生情况的影响，用酸化后按一定比例配制的 DAB 溶液对野生型和 *OsBBX22-RNAi* 转基因水稻叶片进行组织化学原位检测。结果表明，在高温胁迫 3 h 后，*OsBBX22-RNAi* 转基因水稻叶片上出现的红褐色斑点明显多于野生型，这说明在高温胁迫下，*OsBBX22* 基因增强了野生型植株的耐热性，减少了野生型植株的热损伤程度；而 *OsBBX22-RNAi* 转基因植株叶片损伤程度大，聚集了大量的 H_2O_2，产生了较多的红褐色聚合物。这进一步证实了 *OsBBX22* 基因参与了植物耐热调控。然而，*OsBBX22* 与其上游热胁迫相关调控元件，以及与 *OsHSFA2a*、*OsHSFA7*、*OsHSP16.9*、*OsHSP100* 等共同调控水稻耐热的分子机制还有待进一步研究。

7.4　结论

本章利用 *RNAi* 干涉技术研究水稻锌指蛋白基因 *OsBBX22* 的生物学功能，通过半定量 PCR、荧光定量 PCR，在 0～5 h 热胁迫条件下，对野生型株系和 *OsBBX22* 突变体株系进行表达验证；并对相关的 *HSFA2a*、*HSFA7*、*HSP16.9* 和 *HSP100* 表达进行了表达分析，为探讨 *OsBBX22* 响应热胁迫的机制、培育抗逆水稻、减轻高温对水稻的损害奠定基础。

参考文献

[1] Long SP，Ort DR. More than taking the heat：cropsandglobalchange. Current Opinion in Plant Biology，2010，13 (3)：241-248.

[2] 刘周，唐启源，李飞，等．籼稻开花期耐热性鉴定与 QTL 定位分析．分子植物育种，2015，13 (1)：16-31.

[3] Peng S，Huang J，Sheehy JE，et al. Rice yields decline with higher night temperature from global warming. Proceedings of the National Academy of Sciences，2004，101 (27)：9971-9975.

[4] Lobell DB，Field CB. Global scale climate-crop yield relationships and the impacts of recent warming. Environmental Research Letters，2007，2：014002.

[5] Fitter AH，Fitter RS. Rapid changes in flowering time in British plants. Science，2002，296 (5573)：1689-1691.

[6] Samach A，Wigge PA. Ambient temperature perception in plants. Current Opinion in Plant Biology，2005，8 (5)：483-486.

[7] Penfield S. Temperature perception and signal transduction in plants, New Phytology, 2008, 179 (3): 615-628.

[8] Finka A, Cuendet AFH, Maathuis FJM, et al. Plasma membrane cyclic nucleotide gatedcal cium channels control land plant thermal sensing and acquired thermotolerance. Plant Cell, 2012, 24 (8): 3333-3348.

[9] Kim M, Lee U, Small I, et al. Mutations in an Arabidopsis mitochondrial transcription termination factor-related protein enhance thermotolerance in the absence of the major molecular chaperone HSP101. Plant Cell, 2012, 24 (8): 3349-3365.

[10] Guan QM, Yue XL, Zeng HT, et al. The protein phosphatase RCF2 and its interacting partner NAC019 are critical for heat stress-responsive gene regulation and thermotolerance in Arabidopsis. Plant Cell, 2014, 26 (1): 438-453.

[11] Burke JJ, Chen J. Enhancement of reproductive heat tolerance in plants. PLoS One, 2015, 10 (4): 1-23.

[12] Kumagai T, Ito S, Nakamichi N, et al. The common function of a novel subfamily of B-Box zinc-finger proteins with reference to circadian-associated event Arabidopsis thaliana. Bioscience Biotechnology and Biochemistry, 2008, 72 (6): 1539-1549.

[13] Khanna R, Kronmiller B, Maszle DR, et al. The Arabidopsis B-box zinc-finger family. Plant Cell, 2009, 21 (11): 3416-3420.

[14] 黎毛毛，廖家槐，张晓宁，等．江西省早稻品种抽穗扬花期耐热性鉴定评价研究．植物遗传资源学报，2014，15 (5)：919-925.

[15] Riechmann JL, Heard J, Martin G, et al. Abrabidopsis transcription factors: genome-wide comparative analysis among eukaryotes. Science, 2000, 290 (12): 2105-2110.

[16] Putterill J, Robson F, Lee K, et al. The CONSTANS gene of Arabidopsis promotes flowering and encodes a proteins howing similarities to zinc finger transcription factors. Cell, 1995, 80 (5): 847-857.

[17] Valverde F, Mouradov A, Soppe W, et al. Photo receptor regulation of CONSTANS protein in photoperiodic flowing. Science, 2004, 303 (11): 1003-1006.

[18] Dixit AR, Dhankher OP. A novel stress-associated protein 'AtSAP10' from Arabidopsis thaliana confers tolerance to nickel, manganese, Zinc, and high temperature stress. PLoS One, 2011, 6 (6): e20921.

[19] 宣宁，柳絮，张华，等．玉米锌指蛋白基因 ZmAN14 过表达转基因烟草对非生物胁迫的响应．中国农业科学，2015，48 (5)：841-850.

[20] Huang JY, Zhao XB, Weng XY, et al. The rice B-Box zinc-finger gene family: genomic identification, characterization, expression profiling and diurnal analysis. PLoS One, 2012, 10 (7): e48242.

[21] Li XM, Chao DY, Wu Y, et al. Natur alalleles of aproteasome α2 subunit gene contribute to thermotolerance and adaptation of Africanrice. Nature Genetics, 2015, 47 (7): 827-833.

[22] Qiao B，Zhang Q，Liu DL，et al. A calcium - binding protein，rice annexin OsANN1，enhances heat stress tolerance by modulating the production of H_2O_2. Journal of Experimental Botany，2015，17 (6)：1 - 14.

[23] Singh K，Foley RC，Onate - Sanchez L，et al. Transcription factors in plant defense and stress response. Current Opinion in Plant Biology，2022，5 (5)：430 - 436.

[24] Englbrechtl CC，Schoof H，Bohm S. Conservation，diversification and expansion of C2H2 zinc finger proteins in the Arabidopsis thaliana genome. BMC Genomics，2004，5 (1)：39.

[25] 饶力群，刘兰兰，汪启明，等．热诱导表达的水稻 *OsBBX30* 基因克隆和表达分析．湖南大学学报（自然科学版），2015，42 (6)：101 - 106.

[26] Sanchez JP，Duque P，Chua NH. ABA activates ADPR cyclaseand cADPR induces a subset of ABA - responsive genes in Arabidopsis. Plant Journal，2004，38 (3)：381 - 395.

[27] Khanna R，Yu S，Toledoortiz G，et al. Functional profiling reveals that only a small number of phytochrome - regulatedearly - response genes in Arabidopsis are necessary for optimal deetiolation. Plant Cell，2006，18 (9)：2157 - 2171.

[28] Datta S，Hettiarachchi C，Johansson H，et al. SALT TOLERANCE HOMOLOG2，a B - box protein in Arabidopsis that activates transcription and positively regulates light - mediated development. Plant Cell，2007，19 (10)：242 - 3255.

[29] Holtan HE，Bandong S，Marion CM，et al. BBX32，an Arabidopsis B - Boxprotein，functions in light signaling by suppressing HY5 - regulated gene expression and interacting with STH2/BBX21. Plant Physiology，2011，156 (4)：2109 - 2123.

[30] Guo JK，Wu J，Ji Q，et al. Genome - wide analysis of heat shock transcription factor families in rice and Arabidopsis. Journal of Genetics and Genomics，2008，35 (2)：105 - 118.

[31] Miller G，Mittler R. Could heat shock transcription factors function as hydrogen peroxide sensors in plant. Annals of Botany，2006，98 (2)：279 - 288.

[32] Rizhsky L，Liang H，Shuman J，et al. When defense pathways collide：The response of Arabidopsis to acombination of drought and heat stress. Plant Physiology，2004，134 (4)：1683 - 1696.

[33] Busch W，Wunderlich M，Choffl F. Identification of novel heat shock factor dependent genes and biochemical pathways in Arabidopsis thaliana. Plant Journal，2005，134 (4)：1683 - 1696.

[34] Schramm F，Ganguli A，Kichlmann E，et al. The heat stress transcription factor HSFA2 serves as a regulatory amplifier of a subset of genes in the heat stress response in Arabidopsis. Plant Molecular Biology，2006，60 (5)：759 - 772.

[35] Liu J，Qin Q，Zhang Z，et al. OsHSF7 gene in rice，*Oryza satival* encodes a transcription factor that functionas a high temperature receptive and responsive factor. BMM Reports，2009，42 (1)：16 - 21.

[36] Sarkar NK，Kim YK，Grover A. Coexpression network analysis associated with call of rice seedlings for encountering heat stress. Plant Molecular Biology，2014，84：125 - 143.

图书在版编目（CIP）数据

水稻耐热基因的挖掘及应用 / 骆鹰，汪启明，饶力群著. -- 北京 ：中国农业出版社，2025. 2. -- ISBN 978-7-109-33066-5

Ⅰ. S511.032

中国国家版本馆 CIP 数据核字第 2025Z1H100 号

水稻耐热基因的挖掘及应用

SHUIDAO NAIRE JIYIN DE WAJUE JI YINGYONG

中国农业出版社出版

地址：北京市朝阳区麦子店街 18 号楼

邮编：100125

责任编辑：郭银巧　张　利　　责任校对：吴丽婷

版式设计：王　晨　　责任印制：王　宏

印刷：中农印务有限公司

版次：2025 年 2 月第 1 版

印次：2025 年 2 月北京第 1 次印刷

发行：新华书店北京发行所

开本：700mm×1000mm　1/16

印张：10

字数：190 千字

定价：80.00 元
